磁性棒状中空复合材料研究

黄金田　潘艳飞　著

吉林大学出版社

·长春·

图书在版编目（CIP）数据

磁性棒状中空复合材料研究 / 黄金田，潘艳飞著. —
长春：吉林大学出版社，2019.12
ISBN 978-7-5692-6075-5

Ⅰ．①磁… Ⅱ．①黄… ②潘… Ⅲ．①磁性材料－中
空纤维－复合材料－研究 Ⅳ．① TM271

中国版本图书馆 CIP 数据核字（2020）第 013541 号

书　　名：磁性棒状中空复合材料研究
　　　　　CIXING BANGZHUANG ZHONGKONG FUHE CAILIAO YANJIU

作　　者：黄金田　潘艳飞　著
策划编辑：邵宇彤
责任编辑：卢　婵
责任校对：李潇潇
装帧设计：优盛文化
出版发行：吉林大学出版社
社　　址：长春市人民大街 4059 号
邮政编码：130021
发行电话：0431-89580028/29/21
网　　址：http://www.jlup.com.cn
电子邮箱：jdcbs@jlu.edu.cn
印　　刷：三河市华晨印务有限公司
成品尺寸：170mm×240mm　　16 开
印　　张：11.25
字　　数：200 千字
版　　次：2019 年 12 月第 1 版
印　　次：2019 年 12 月第 1 次
书　　号：ISBN 978-7-5692-6075-5
定　　价：49.00 元

前　言

企业生产过程中不断产生有毒有害的工业废水。一般工业废水可采用常规的工业污水处理工艺，以生化处理为主，达标后排入收纳水体；也可经过简单预处理，直接排入工业园区污水处理厂。它们中的一部分重金属离子具有致癌、致畸和致突变的作用，对人类的健康构成了极大的威胁。寻求无污染、可循环利用的光催化材料以改善日趋严重的环境污染已迫在眉睫。

中空材料具备较大的内部空间结构，可以容纳尺寸较大或者数目众多的客体分子，且其在光电材料、光催化材料等多种领域有着广泛的应用，因而成为材料开发、科学研究的热点。木质纤维素是制备磁性棒状多孔光催化材料的天然模板，以木质纤维素为骨架，方便、可控的一步法即可构建磁性多孔棒状中空材料，木质纤维素取自植物纤维这种可再生资源，具有很好的资源优势。因而，以木质微 / 纳米纤维素为模板制备磁性棒状中空材料已成为研究热点。

本书以木质微 / 纳米纤维素为骨架，方便且可控地构建微 / 纳米纤维素基磁性中空复合材料，不仅保持了微 / 纳米纤维素优良的物理力学性质，还赋予了微 / 纳米纤维素很多优异的特质，如优异的磁性、大的比表面积、可控的粒径、良好的分散性以及对重金属离子有很好的光催化降解作用。

本书共九章：第一章为概述（黄金田、潘艳飞），主要介绍了微 / 纳米纤维素表面金属化的意义及中空材料合成方法；第二章为微 / 纳米纤维素的制备（黄金田、潘艳飞），采用高能超声波细胞破碎法，通过调整超声时间、超声功率及木质纤维素浓度，可控制备微 / 纳米纤维素，通过单因素试验分析工艺参数对微 / 纳纤维素直径的影响，运用 Design Expert 8.0 软件，利用响应面法对试验数据进行优化预测，优化微 / 纳米纤维素制备工艺；第三章为金属化微 / 纳米纤维素的制备（潘艳飞），以木质纤维素分散程度与表面镀层均匀程度为指标，首先对微 / 纳米纤维素表面进行活化，而后对微 / 纳米纤维素表面化学镀 Ni-P 运用 Design Expert 8.0 软件，通过响应面法对试验数据进行优化预测，优化金属化纤维素工艺并对其进行表征；第四章为微/纳米纤维素表面金属层的生长路径（潘艳飞），对不同沉积时间的镀层形貌进行扫描电镜（SEM）与显微镜（BSM）测试表征，基于不同沉积时间的镀层表面形貌对比，分析镀层均匀程度的变化，推断出微/纳米纤维素表面化学镀 Ni-P 过程中金属层生长路径；第五章为微/纳米纤维素基中空材料的制备（潘艳飞），在化学镀 Ni 过程中添加不同浓度纳米粒子，利用纳米粒子的特性改善镀层均匀程度，然后对模板进行多次化学镀 Ni-P；第六章为磁性中空材料的合成（潘艳飞），对制备的木质纤维素基中空磁性材料进行了 SEM、TEM、BMS、TGA 和 VSM 等表征，分析木质纤维素基中空磁性棒状结构的形成机制；第七章为中空复合材料的光催化特性（黄金田、潘艳飞），主要介绍了制备 Ni-NiO/TiO$_2$ 中空复合材料的两种方法——纳米 TiO$_2$ 与 Ni 共沉积法和金属化纤维素与钛酸四丁酯(TBOT)热分解法，所制备的 Ni/TiO$_2$ 材料在 400 ℃煅烧 5 h 后转变成 Ni-NiO/TiO$_2$ 中空复合材料，该中空结构材料具备优良的电化学性能，中空金属化纤维素复合材料展现出了更高的初始放电容量（1 295.8 mA·h·g^{-1}）和更高的充电能力（573.2 mA·h·g^{-1}），所制备的 Ni-NiO/TiO$_2$ 材料具备较好的光催化能力，催化剂浓度为 2 g/L 时，其对 Cu (II)的催化量可达到 3 376 mg/g；第八章为金属化纤维素高温热处理（潘艳飞），分析了热处理与复合镀层性质的相关性，并对热处理材料进行 SEM、TG/DTG、XRD 与 VSM 表征；第九章为 Ni/NiO-TiO$_2$ 中空复合材料热处理（黄金田、潘艳飞），主要分析了高温热处理对 Ni/NiO-TiO$_2$ 中空复合材料组织结构和性能的影响，优化木质纤维素基 Ni/NiO-TiO$_2$ 中空棒状复合材料热处理工艺及光催化工艺。本书由内蒙古农业大学黄金田教授和潘艳飞博士主编，黄金田教授主审。

本书所介绍的成果源自国家自然科学基金、内蒙古教育厅和财政厅科技创新引导项目（项目编号：30960305、NJZY18058、KCBJ2018013、NDYB2016-24），在此表示衷心的感谢。

相信本书的出版发行将为磁性棒状中空复合材料的研发和利用提供思路，并为其进一步的生产利用提供基础数据和理论支撑。

限于写作水平和时间，疏漏和不足之处在所难免，恳请读者指正。

著　者

2019 年 6 月 13 日

目 录

1 概论

1.1 引言

植物纤维是一种可再生资源，其储量在生物质资源中最大。每年陆地生长的植物纤维的产量超过 500 亿吨，几乎占到了地球生物总量的 60%~80%。我国是一个地域辽阔的国家，纤维素提取的原料极为丰富，农作物的秸秆和核壳两种材料的产量每年可以超过 7 亿吨，其中包括玉米秸秆（35%）、小麦秸秆（21%）和稻草（19%），这 3 种材料构成了我国 3 大秸秆资源。基于植物纤维具有再生、生长周期短等特点，人类梦想着把植物纤维资源作为"食品库、有机化工原料库、能源库"。经济可持续发展已经是每个国家的发展主题，资源的高效增值利用尤为重要。因而，寻求一种更加简便、高效、可控的利用纤维素的方法是各研究团队长期以来关注的焦点。

1.2 纤维素

纤维素是植物纤维的主要化学成分之一，一般用于生产纸浆和纸张。纤维素是自然界中最丰富的天然高分子化合物之一，纤维素的最小结构单元是小于 100 nm 的超细纤维。[1-2] 纤维素有很多优良特性，其结构精细，且结晶度、杨氏模量、纯度、亲水性、强度以及透明性均较一般材料高。天然纤维素还具有质量较轻、可降解性、可再生性及生物相容性等特性，其在汽车、医药、食品、建筑、化妆品及电子产品等领域扮演重要角色，纤维素的高效增值利用蕴藏着巨大的应用前景。[3]

1.2.1　纤维素的化学性质

纤维素的结构是葡萄糖环基（AGU）结构，其中 C 占 44.44%，H 占 6.17%，O 占 49.39%。[4] 纤维素上的脱水葡萄糖单元的羟基在 C_2、C_3 和 C_6 的位置上，具有伯、仲醇的性质。基于这些脱水葡萄糖上的羟基的存在，并且葡萄糖分子上的 C_1 上的羟基可以发生还原反应，而 C_4 上的羟基不能发生还原反应，致使纤维素可以发生醚化、氧化和酯化反应。分子之间的氢键促使纤维素分子可以发生溶胀和接枝共聚等反应。[5]

1.2.2　纤维素的微观结构

纤维素分子典型的特点是聚集态结构，其是纤维素在空间上相对排列形成的超分子结构。一般而言，纤维素分子在空间上排列比较规则，有条理的部分是结晶区；反之，排列松弛、没有条理且取向与纤维素轴平行的结构为无定形区。由于纤维素分子间距比较小，结晶区内的分子主要以氢键结合。纤维素结晶区和无定形区没有明显的界线，两者之间存在逐渐过渡区域，过渡区域主要是较长的纤维素分子。因而，该结构也决定了纤维素特有的化学性质和物理性质。

在纤维素的结晶区，分子内和分子间受到氢键的作用，形成了稳定的晶体结构。纤维素分子排列的多样性使分子之间的氢键比较错综复杂，纤维素的五种晶体分别是纤维素 I、纤维素 II、纤维素 III、纤维素 IV、纤维素 X，这五种纤维素晶体具有不同的晶体结构。天然的植物纤维素主要是纤维素晶体 I，并且分子间与分子内是由氢键形成的。[4]

1.2.3　微 / 纳米纤维素

微 / 纳米纤维是指直径为微 / 纳米尺度而长度较大的具有一定长径比的线状材料。狭义上讲，微 / 纳米纤维的直径介于 1 nm 到 10 μm，但广义上讲，纤维直径低于 10 μm 的纤维均称为微 / 纳米纤维。

1.3 微／纳米纤维素的制备

1.3.1 酸水解法制备

纤维素分为结晶区和无定形区，处于纤维素无定形区的分子，其分子链所处位置没有一定规律可循，排列较为松散，一旦遭受外界攻击就很容易发生断链。[6] 当 H^+ 浓度一定时，H^+ 容易攻击位于纤维素无定形区的分子链上的 β–1,4– 糖苷键，从而使纤维素分子链强度减弱，促使其发生断裂。在酸的作用下，纤维素无定形区的分子链不断地断裂，因而纤维素无定形区不断水解消失，从而获得结晶结构完善的纤维素。在以往的研究中，研究者制备纳米微晶纤维素，常常是通过使用质量分数为 64% 的 H_2SO_4 水溶液并使其在短时间内降解纤维素原料的方式进行的。[7-12] 在此基础上，Gray 等 [11,13] 研究了水解的时间以及纤维素与 H_2SO_4 的比例这两个因素对纳米微晶纤维素产物粒径的影响以及对产物表面 $SO_4{}^{2-}$ 含量的影响。

通过硫酸水解法制备的纳米微晶纤维素，其形状表现为长径比较大的棒状结构。但是由于纤维素原料的来源不同，其降解后制备得到的纳米微晶纤维素的尺寸存在很大的差异。[11]

另外，也可以采用硫酸和盐酸的混合酸水解制备微／纳米纤维素晶体。丁恩勇等 [14] 将微晶纤维素作为原料，用硫酸与盐酸的混合酸将其水解，由此制备得到了球形纳米纤维素晶体，其粒径大致分布在 30~50 nm，且酸碱处理对其粒径大小的影响几乎可以忽略。

天然植物纤维素的聚合度较高，通常为几百甚至上千，因此很难在一般的溶剂中溶解。然而借助酸水解法制备的纳米微晶纤维素，其聚合度大幅度降低，通常仅有几十，所以此时溶剂分子极易进入纤维素的结晶区，进而将其溶解而形成均相溶液。

1.3.2 机械法制备

制备微／纳米纤维素的各类方法中，机械法是指通过对纤维素原料进行高压机械处理，将纤维素纤维切断并细化，然后从中分离出位于微／纳米级范围内的纤维素进而获得微／纳米纤维素的方法。Iwamoto 等 [15] 以硫酸盐浆为原料（该浆是利用美国黑松制得的），将该硫酸盐浆在 0.1 mm 的间隙下，于高压精磨机内均质循环 30 次，然后用研磨机对其进一步研磨 10 次，从而使制备出的纤维素具有微/纳米尺寸,此方法可以得到结晶度较高的微/纳米纤维素。

高压剪切法是一种将纤维素分散为微/纳米纤维素的机械制备方法。Dufresne[16]借助高压均质作用对纯化后的植物纤维素进行处理,使其发生破坏,进而制备出微/纳米纤维素。这种仅用机械处理制备纤维素的方法不但使纤维素的结晶度较高,而且对纤维素表面结晶区域的破坏性较小。

1.4　微/纳米纤维素表面金属化

微/纳米纤维素表面金属化是通过还原剂将化学镀液中的 Ni^{2+} 还原于呈催化活性的基材表面上,进而形成金属复合镀层的一种表面技术。该技术具有良好的均镀能力,镀层厚度均匀且镀层厚度可控。所获镀层制作工艺较简单,Ni-P复合镀层孔隙少、致密、表面光洁。[17]

1.5　微/纳米纤维素表面金属化的意义

1.5.1　提高材料强度

木质纤维素表面包覆一层金属 Ni,其表面可以形成连续金属 Ni 层,该金属层可以提高木质纤维素的强度。木质纤维素经过超声处理后,其表面出现一些裂纹、空隙等缺陷,纳米 Ni 粒子可以进入这些缺陷里面,起到很好的机械增强作用,使镀层与基体能够紧密结合,木质纤维素表面同样可以得到局部的修复,其受外力拉伸时,可以减小因应力集中而造成断裂的概率,这在力学性能上表现为纤维断裂强度获得提高。[18]

陈建山等[19]利用化学镀方法制备金属 Ni 纤维。金属 Ni 层在碳纤维表面有一定厚度(镀层厚度约200 nm),以蜂窝状形式存在,该镀层具备了很好的增强效果。

1.5.2　提高材料耐高温性能

由于木质纤维素表面镀 Ni 后,其和空气的接触面较小,金属 Ni 层对基材有很好的保护作用,即随着氧化的进行,基材表面金属 Ni 层被氧化,于是木质纤维素表面形成一层致密的氧化物保护膜,减少了氧的扩散,延缓了木质纤维素被氧化的速率。这些因素都提高了其高温抗氧化性。[20]

M. Sanchez 等[21]研究并分析了化学镀 Ni 碳纤维的氧化机理，包覆 Ni 的碳纤维氧化失重开始于 750 ℃，较未金属化处理的碳纤维高出 150 ℃，且完全氧化后的 Ni-P 层有较大的强度和双层结构。外层主要成分是 NiO，内层主要成分是 NiO、Ni_2P 以及 $Ni_3(PO_4)_2$ 混合物。由于金属 Ni 层的保护，包覆 Ni 层碳纤维氧化后的气体主要是 CO，而没有包覆金属层的碳纤维氧化产物则是 CO_2。Hua 等[22]研究发现包覆金属 Ni 的碳纤维耐高温性能基于碳纤维轴向的热膨胀系数较金属 Ni 低很多，温度变化时会导致基材与镀层的热失配，导致镀层出现裂纹和剥落，致使纤维的高温氧化失效，经过 1 300 ℃热处理，包覆金属 Ni 的碳纤维可以保持初始质量的 85%，该结果表明镀 Ni 碳纤维抗氧化性能得到明显提高。[23]

1.5.3 提高导电率

金属 Ni 是一种良好的导电材料，木质纤维素表面包覆金属 Ni 后，会大大提高木质纤维素的导电性能。金属化纤维素可以用作复合型导电高分子材料的导电填料，由于纤维素原有的高电阻率，纤维素的存在会使复合材料电阻率增大，于是其应用受到了一定程度的限制，因此纤维素表面的金属化修饰是十分必要的。

1.5.4 提高复合材料电磁屏蔽性能

近年来，电磁环境污染犹如生态环境污染一样，越来越不容乐观，严重影响着电子设备的安全和可靠性，同时，人类和生态健康面临着巨大的挑战。电磁屏蔽材料可以有效避免电子线路受外部电磁波的干扰，也能保护内部的电磁干扰波向外部发射。[24]电磁屏蔽材料的关键是如何屏蔽高频电磁场的干扰。基于这些原因，电磁屏蔽材料一般采用电阻较小的导体材料，屏蔽材料表面的电磁波会发生反射，在材料内部多次反射并吸收，起到电磁屏蔽效果，电磁屏蔽材料可以有效避免材料向另一方向空间传播。

电磁屏蔽材料性能的关键是其自身的导电性，一般而言，材料导电性好，其电磁屏蔽性能常常也突出。[25]

内蒙古农业大学黄金田课题组成功制备出的木基电磁屏蔽材料的效能可以达到 70 dB[26]，该复合材料可以很好地屏蔽高频区的电磁波，工艺简单，价格合理，拓宽了屏蔽材料的应用范围。

1.5.5 提高复合材料磁性

金属 Ni 是一种顺磁性较好的金属材料，其与纤维素复合可以很好地解决微 / 纳米纤维素的团聚问题，利于微 / 纳米纤维素分散，拓宽木质纤维素的应用范围。

1.6 中空材料

1.6.1 中空材料的简介及特性

21 世纪以来，中空微 / 纳米材料吸引了众多研究者的注意力，该种材料具有以液体或气体为基材而合成的核壳材料。中空材料独特的拓扑结构以及完好的形貌外观使中空微 / 纳米材料具有某些较为特殊的功能，如比表面积大、密度较低、内部空间较大、稳定性较好以及渗透性优良等特性 [27-29]，由于其内部空间结构较大，因此其可以容纳尺寸较大或者数目众多的客体分子，并且由于其在生物医学、固定化酶、药物控释、靶向给药以及光电材料、催化材料等多个领域有着广泛的应用，从而成为材料开发、科学研究的热点。[30-35]

1.6.2 中空材料的制备方法

现代科技的发展日新月异，从繁多的研究文献报道中可以发现，目前有诸多制备中空结构的材料的方法，这些方法通常要涉及化学或物理化学。合成中空微 / 纳米材料的常用方法有模板法、乳液法、聚合法、喷雾干燥法以及超声波照射法等，广泛应用于各种研究领域的中空材料通常都是利用这些方法合成的。[36-42]

1. *模板法* [43]

众所周知，在制备中空纳米结构材料的各种方法中，模板法是一种比较高效且简单的方法。模板法制备中空材料，通常需要先将某些特定形貌的材料选定为模板，然后在模板表面包覆修饰，并使表面包覆物成为一层壳层，最后用一定的途径将模板去除，从而制备出中空材料。目前，研究人员所用的模板繁多，合成的中空材料多种多样，常见的有无机纳米颗粒 [36]、小气泡 [37]、乳液滴 [38] 以及有机聚合球 [39,40] 等。

基于模板法合成中空材料的优点是，不论化学反应处于什么样的状态，化学反应都可以被控制在有效的范围内，并且能够同时保证固有模板的形貌结构，因此合成过程尤为简单。一般而言，根据模板本身具有的特点以及性能，可将模板分为硬模板与软模板，两者的不同点在于硬模板的孔道处于静态，反应物仅能从孔道进入内部，而软模板是可以让反应物进出内部的过程处于动态平衡状态的内部空腔，反应物是通过渗透腔壁进行自由扩散而进入内部的。[41]

1）硬模板法

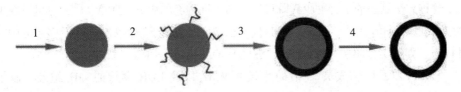

（a）传统的硬模板合成空心球体的过程示意图

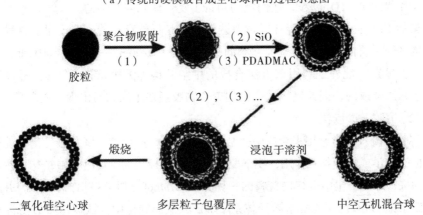

（b）中空无机硅杂化材料制备方法示意图

图 1-1　中空材料制备示意图

　　一般而言，通常采用硬模板法制备中空材料，该方法可分为四个主要步骤，如图 1-1（a）所示[42]，①制备硬模板；②利用模板的表面改性修饰使表面性质得到改善，从而使其有利于合成反应的进行；③在表面性质得到改善的情况下用合适的材料包覆模板；④将原有模板取出或去除以获得预想中空结构。

　　依据壳层生成方式的不同，又可以将硬模板法划分为分层自组装法（layer by layer assembly，LBL）和溶胶－凝胶法（Sol-Gel）两种。

　　（1）分层自组装法

　　G. Decher 等[43]于 20 世纪 90 年代首创研发了 LBL 法，其原理为，基于正负电荷的静电吸附，具有相反电荷的聚电解质便会逐层沉积于模板上，除去模板后就得到了中空材料，该方法适用范围较广，如制备大分子、纳米粒子及多层聚合物材料等多个领域。

　　Caruso 等[44]借助 LBL 技术成功制备出中空无机硅杂化材料，其模板是聚苯乙烯球，使带有正、负电荷的物质通过静电作用交替沉积，从而在模板表面形成多层壳结构，最后利用高温热处理将模板除去，进而得到中空材料，如图 1-1（b）所示。

LBL 法不但功能多，而且对调控胶囊的粒径大小以及壳层厚度有良好的可控性。基于这种方法制备的聚合物胶囊既可以包覆不同种类的组分（DNA）[45]，也可以在生物应用领域发挥作用[46]。此外，LBL 技术也被广泛应用于制备无机材料及多组分中空材料[47]，如 SiO_2、TiO_2、SnO_2、Au、磁性 Fe_3O_4 以及碳纳米管（CNTs）等。[48-51]

Sasaki 以及团队成员[52]借助片状的 MnO_2 以及 LDH 薄层的 LBL 组装，制备的 Mn_2O_3 空心结构仅具备两层氢氧化物 (LDH) 超薄壳。基于正电荷的多聚铝阳离子与薄片状的 $Ti_{0.91}O_2$ 晶粒，他们成功制备了复合薄壳空心结构。

虽然 LBL 法拥有多功能性以及普遍性，但是仍然存在着一些不足。这种方法的不足之处主要体现为在制备尺寸小的中空结构（<200 nm）方面较为困难，而且合成过程复杂。此外，利用该方法合成的中空结构（无机杂化），其机械性能低于其他方法合成的，因此该方法合成的聚合物胶囊在干燥时易出现塌陷现象。

（2）溶胶 – 凝胶法

溶胶 – 凝胶法常常用来合成中空结构的材料，一般而言，该方法是借助前驱体与模板的化学或物理相互作用，使前驱体沉积在模板表面，形成壳层结构，然后将模板除去，即制备出中空结构材料的一种方法。Imhof[53]以 PS 球作为模板，并且使钛酸四丁酯 (TBOT) 于乙醇水溶液体系中水解，从而制得中空钛球，然后使带有微弱负电荷的钛羟基在 PS 表面迅速沉积，之后对其进行高温煅烧，高温煅烧过程既能够使其逐步转化为晶体锐钛矿，又能够把有机模板除掉。Limin Wu 等[54-56]借助一步法成功制备出具有单分散性质的中空材料，该方法最大的一个好处在于，它能够有效确保无机核壳的形成以及聚合物模板的溶解在同一时间发生（见图 1-2）。

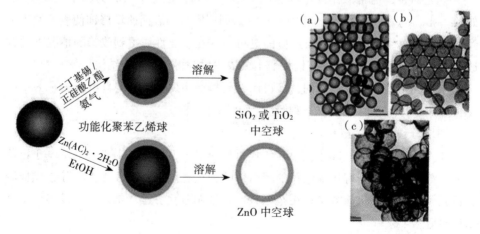

图 1-2　一步法合成了单分散的中空材料示意图

(a) SiO_2；(b) TiO_2；(c) ZnO

2）软模板法

一般来说，软模板包括乳液、囊泡、胶束、小液滴以及细菌，通常多种表面活性剂的聚集可以形成该模板，其优点是去除相对容易。[57-58] 但其缺点也很明显，如模板的可变性强，热稳定性不是很好，容易受到溶液的性质（极性、pH 值以及离子强度）的影响，使用该模板制备的中空材料的形貌以及单分散性难以控制。所以，对于利用软模板法制备的中空材料，如何有效控制其形貌及单分散性是当前制备技术研究关注的焦点问题。

2. 超声波照射法

越来越多的研究者关注超声波[59-62]，因为其作为化学反应的一种新的能量形式，可以开辟出一个全新的研究领域。目前，研究者将超声化学法广泛应用于材料化学、合成化学等诸多研究领域。[59, 63-66] 超声化学在纳米材料的制备中发挥着重要作用，因为其可以有效地去除团聚现象，加速化学反应进程，提高反应产率，从而合成新的纳米材料。[67-69] 超声化学法主要包括电化学法、共沉淀法、喷雾法、溶胶凝胶法及微乳液法等。[70-73] 利用超声波，Elaheh Kowsari[74]成功制备出空心球、空心棱镜以及珊瑚状 ZnO 纳米晶；陈雪梅与陈彩凤等人[75]借助共沉淀法合成了粒径约为 12 nm 的 Al_2O_3；吕维忠与刘波[76]成功制备出相对较纯的纳米 $CoFe_2O_4$ 晶体。

超声蛋白质微囊化技术[77]使整个反应进程对环境友好，并且设备简单易操作，无毒无害污染小。超声波技术很好地解决了蛋白质微囊化，因此该方法受到了越来越多的研究者的关注。[78-84]

3. 喷雾干燥法

喷雾干燥法的具体步骤是，先将前驱体在溶剂（水、乙醇或有机溶剂）中溶解成溶液，然后用喷雾设备将溶液雾化，再将雾化的溶液从喷嘴中以小液滴的形式喷进反应器，而一旦进入反应器，溶剂就会迅速蒸发，而前驱体则发生各种化学反应（热分解或者燃烧），最终前驱体沉淀形成壳层，从而制备出中空结构。

多孔空心结构的材料常常采用喷雾技术制备，该方法不仅具有连贯性好、工艺简单、对环境友好、产物纯度高等优点，还具有产物的比表面积大，成分、粒径以及形貌等容易控制这些优点。然而，该方法也容易受到诸多条件（加热温度、雾化效率及溶剂黏度等）的影响，其实际应用存在一定程度的局限性。

4. 聚合法

当前，研究者提出了诸多制备中空结构的聚合方法及其机理。[85-86]Li 等人[87]

以苯乙烯与二乙烯基苯为单体，以异辛烷为疏水剂，通过乳液聚合法成功合成聚苯乙烯中空球。Cao 等人[88] 利用等离子体聚合法制备中空纳米球。吕卉[89] 利用种子乳液聚合法一步合成单分散的聚合物中空球。

1.6.3　中空材料的应用

基于独特的拓扑结构及完好的形貌外观，中空材料拥有独特的性质，如较大的比表面积、质轻、热膨胀系数小以及折射率低等，这些特性使中空材料在锂电池、光催化以及屏蔽涂层方面有着特殊的应用。在新型锂离子电池应用领域，金属锡（Sn）以及一些过渡金属氧化物合成的中空材料已成为高能电极材料领域的研究热点[90-92]。对于电催化以及光催化反应领域，中空结构基催化剂具有非常重要的作用，Liang 等人[93] 成功证明铂（Pt）中空材料可以提高甲醇氧化反应的催化活性。诸多研究表明，中空材料可以展现出优异的催化性能，其较大的比表面积可以容纳尺寸较大的分子或者大量的客体分子。在气体电导传感的金属氧化物中空材料的研究方面，Martinez 等人[94] 用 CVD 方法成功制备出 Sb 掺杂的 SnO_2 中空微球膜与传统的 SnO_2 膜。

1.6.4　磁性中空材料的特点及应用

一般而言，磁性中空结构拥有独特的拓扑结构以及优异的磁性能。受外部磁场的影响，磁性中空材料可以有效分离并朝着磁场方向做定向运动，该特点使其在多个领域受到越来越多的关注。[95-100]

2 微／纳米纤维素的制备

2.1 试验部分

2.1.1 试验材料与设备

试验材料与设备见表2-1。

表2-1 试验材料与设备

名称型号	产地
BS110S 电子天平	北京赛多利斯天平有限公司
SM-1200D 超声波信号发生器	国华电器有限公司
OPTEC-BK-5000 生物显微镜	上海比目仪器厂
CB-204 木质纤维素	北京建筑材料科技发展中心

注：木质纤维素主要由C、O元素组成

2.1.2 纤维素超声方案

试验超声方案见表 2-2，本试验利用单因素与响应面法优化微／纳米纤维素制备工艺。首先利用单因素试验方案，求取每个因素在一定条件下的最佳值，而后以此数值为平衡点进行响应面法分析。

表2-2　纤维素超声方案

因素	水平		
	-1	0	1
超声功率（W）	720	960	1 080
超声时间（min）	120	180	240
纤维素质量（g）	0.4	0.6	0.8

注：纤维素溶液体积为 300 mL

2.1.3　微 / 纳米纤维素的制备与测量

以木质纤维素作为基体材料，分别称取 0.4 g、0.6 g、0.8 g 木质纤维素，溶于 300 mL 蒸馏水中，用玻璃棒均匀搅拌。利用 SM-1200D 超声波信号发生器分散纤维素，分散时间分别为 120 min、180 min、240 min，功率分别为 720 W、960 W、1 080 W，将溶解有纤维素的烧杯置于放有冰块的装置内，其间不间断更换冰块，保持超声波温度在 30 ℃左右，木质纤维素超声处理示意图如图 2-1 所示。制备好纤维素，用滴管将溶液滴到载玻片上，制好样后利用 OPTEC-BK-5000 生物显微镜测量纤维素直径，每组样品连续测试 3 组，每组观察 10 个样品。进而获取单因素微 / 纳米纤维素制备的最佳工艺。纤维素平均直径公式为

$$W = (W_1 + W_2 + W_3) / 3 \qquad (2-1)$$

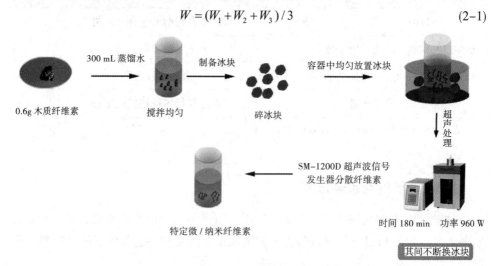

图 2-1　木质纤维素超声处理示意图

式中，W 表示纤维素平均直径；W_1 表示第 1 组纤维素平均直径；W_2 表示第 2 组纤维素平均直径；W_3 表示第 3 组纤维素平均直径。

2.2　单因素分析

2.2.1　超声功率对纤维素直径的影响

图 2-2 表示的是超声功率与纤维素直径之间的关系，超声时间与纤维素量分别为 180 min 与 0.6 g，该图表明，随着超声功率的增大，纤维素直径先减小后变大，超声功率为 960 W 时，纤维素直径达到最小。随着超声功率的增大，超声波处理的木质纤维素溶液可以产生声空化，声空化产生的微射流对纤维的冲击、剪切作用有利于将团聚的纤维素分开。然而，当超声功率超过 960 W，功率的增大使溶液中的涡流热明显加剧，表现为超声容器内升温较快，热量形成的热涡流对超声波有一定的减弱作用。此外，超声波功率太高时，过热的空气会使容器内的分子运动加剧，烧杯内的水分散失较快，变幅杆升温加快，变幅杆电阻增大，不利于超声波传导。合适的超声功率会使纤维素壁产生许多微孔，微孔有利于化学镀 Ni 过程中 Ni 粒子的沉积。因而，综合考虑纤维素处理的效果、均匀程度，该研究的超声功率应选择 960 W。

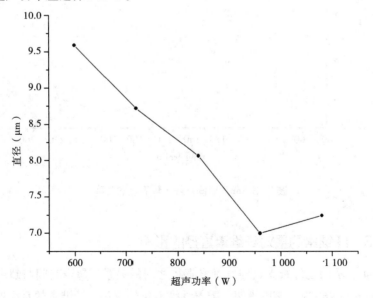

图 2-2　超声功率与纤维素直径的关系

2.2.2 超声时间对纤维素直径的影响

图 2-3 表示的是超声时间与纤维素直径之间的关系，超声功率与纤维素量分别为 960 W 与 0.6 g，该图表明，随着超声时间的延长，纤维素的直径先减小后变大，超声时间为 200 min 时，纤维素直径达到最小。随着超声时间的延长，超声波处理的木质纤维素溶液可以产生声空化，声空化产生的微射流对纤维的冲击、剪切作用有利于将团聚的纤维素分开。然而，当超声时间超过 200 min，烧杯内的热量会逐渐积聚，造成纤维素与变幅杆温度很高。从微观来看，电流本由电子组成，电子要通过电阻，温度升高，电阻内部电子的无规则运动更加剧烈，电子通过电阻的过程中，与更多其他电子相碰撞，这使其通过电阻的难度增大了。变幅杆升温较快，热量不能瞬间散发，这导致变幅杆上的电子通过受阻，超声波的涡流就会减弱，超声波的微射流对纤维的冲击、剪切作用减弱，这些不利于将团聚的纤维素分开。此外，超声时间为 180~220 min 时，纤维素直径的变化基本相当。因此，综合考虑这些因素，超声时间为 180 min 更为合理。

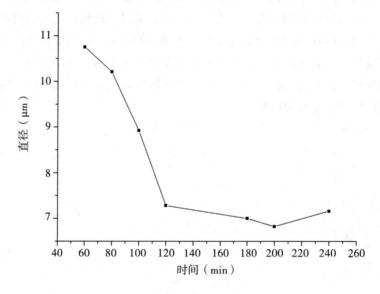

图 2-3　超声时间与纤维素直径的关系

2.2.3 纤维素的量对纤维素直径的影响

图 2-4 表示的是纤维素量与纤维素直径之间的关系，超声时间与超声功率分别为 180 min 与 960 W，该图表明，随着纤维素量的变化，纤维素的直径先减小后

变大，纤维素量为 0.4 g 时，纤维素直径达到最小。纤维素量太少时，部分超声波能量会被浪费，超声微射流不能被完全利用，这不利于资源的合理利用。纤维素量太大时，纤维素之间的相互作用会影响超声波处理木质纤维，声空化产生的微射流对纤维的冲击、剪切作用会减弱，这不利于将团聚的纤维素分开。综合考虑各因素，本研究建议纤维素选用 0.4 g (300 mL 蒸馏水)。

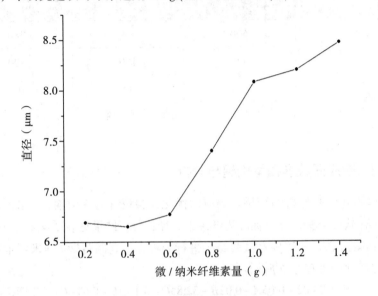

图 2-4　纤维素的量与纤维素直径的关系

2.3　应用响应面法优化微 / 纳米纤维素的制备工艺

　　一般而言，传统的单因素变量优化试验忽视了因素之间的交互作用，尽管全因素试验能够解决这一缺陷，但其工作量大且麻烦。响应面法是一种优化过程的综合方法，不但试验次数少，周期短，而且精度高。借助该法可以建立连续变量曲面模型，评价因素及其交互作用，确定最佳因素水平范围，同时，试验组数相对较少，省时省力。

2.3.1　响应面分析因素水平选取

　　综合单因素试验，根据 Box-Benhnken 的中心组合试验设计原理，分别选取超声功率、超声时间和纤维素用量 3 个因素，采用三因素三水平的响应面分析方法对样品直径进行优化，因素与水平见表2-3。

表2-3　响应面试验因素水平表

因素	水平		
	−1	0	1
A	600	960	780
B	60	180	120
C	0.2	0.6	0.4

注：A 是超声功率（W），B 是超声时间（min），C 是纤维素用量（g）

2.3.2　响应面数学模型构建与分析

利用单因素试验分析的结果，响应面优化试验设计为3因素，3水平，利用 Design Expert 软件分析，评价标准为纤维素直径，分析结果见表2-4。

利用 Design Expert 软件对试验结果进行分析，得到制备微/纳米纤维素的直径如二次多项回归方程2-2所示：

$$W = 24.02 - 0.05A - 0.02B + 32.85C - 3.18AB - 0.01AC - 0.12BC + 3.65A^2 + 2.98B^2 - 022C^2 \tag{2-2}$$

式中，W——纤维素直径；A——超声功率；B——超声时间；C——纤维素量。

表2-4　响应面分析试验结果与预测结果

试验号	A	B	C	YDE 值	
				实际值	预测值
1	0	−1	1	9.59	9.25
2	0	1	1	9.54	9.28
3	1	0	1	8.72	8.98
4	−1	1	0	7.30	7.64
5	0	−1	−1	7.91	7.75
6	1	−1	0	8.38	8.13

续　表

试验号	A	B	C	YDE 值	
				实际值	预测值
7	0	0	0	8.06	8.31
8	0	0	0	6.46	6.63
9	1	0	−1	6.42	6.92
10	0	1	−1	8.83	8.72
11	0	0	0	9.14	9.23
12	1	1	0	6.00	5.50
13	−1	0	−1	7.00	6.53
14	0	0	0	6.54	6.53
15	−1	0	1	6.21	6.53
16	−1	−1	0	6.53	6.53
17	0	0	0	6.39	6.53

对回归模型进行方差分析的结果如表 2-5 所示。模型是显著的（$P=0.001\,4<0.05$），回归模型的决定系数为 0.94，说明该模型能够解释 94.36% 的变化。在模型中，一次项中各因素对微/纳米纤维素的影响显著性大小顺序是超声时间（B）>超声功率（A）>纤维素含量（C），模型的二次项 (A 与 B) 对纤维素直径影响极显著，超声功率（B）与纤维素（C）含量交互作用对于纤维素直径影响显著。因此，可用此模型对制备微/纳米纤维素纤丝直径数值进行分析和预测，这些分析结果对实践具有指导意义。

表2-5　回归模型方差分析

变异来源	SS	DF	MS	F	P	显著性
模型	23.73	9	2.64	13.01	0.001 4	＊＊
A–A	0.85	1	0.85	4.18	0.080 3	—
B–B	1.84	1	1.84	9.05	0.019 7	＊

续 表

变异来源	SS	DF	MS	F	P	显著性
$C-C$	0.44	1	0.44	2.18	0.183 2	—
AB	0.47	1	0.47	2.32	0.173 2	—
AC	1.08	1	1.08	5.30	0.054 8	—
BC	7.69	1	7.69	37.91	0.000 5	* *
A^2	5.88	1	5.88	28.99	0.001 0	* *
B^2	4.85	1	4.85	23.90	0.001 8	* *
C^2	3.29	1	3.29	1.62	0.969 0	—
残差	1.42	7	0.2	—	—	—
总变异	25.15	16	—	—	—	—

注：＊＊表示 $P<0.01$，差异极显著；＊表示 $P<0.05$，差异显著

2.3.3 响应面等高线分析交互影响结果

图 2-5 是超声功率和超声时间交互作用对微／纳米纤维素直径的响应曲面图。该图表明微／纳米纤维素含量位于中心水平时，微／纳米纤维素直径随着超声功率的增大先减小后增大，微／纳米纤维素直径随着超声时间延长先减小后增大。超声时间变化与超声功率变化对微／纳米纤维素直径的影响基本相当，表现为微／纳米纤维素直径随着超声时间变化与超声功率变化等高线密集程度基本相当。超声功率为 900 W，超声时间为 180 min 时，制备的微／纳米纤维素的直径较理想。

图 2-6 是超声时间与纤维素量交互作用对微／纳米纤维素直径的响应面图，图中表明纤维素含量处于较小值时，随着超声时间的延长，微／纳米纤维素直径先减小后增大；超声时间处于较小值时，随着纤维素含量增加，微／纳米纤维素直径一直增大。超声时间变化相比纤维素含量变化对微／纳米纤维素直径的影响更加显著，表现为响应曲面的坡度较陡以及等高线较密集。

图 2-7 是超声功率和纤维素量交互作用对纤维素直径的响应面图，图中表明超声时间位于中心水平时，微／纳米纤维素直径随着超声功率的增大，微／纳米纤维素直径先减小后增大；微／纳米纤维素直径随着纤维素含量增加，微／纳米纤维素直径一直增大。超声功率变化相比纤维素含量变化，微／纳米纤维素直径受前者影响更加显著，表现为响应曲面的坡度较陡与等高线较密集。

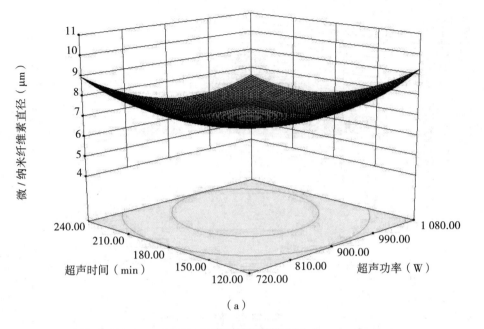

（a）

微／纳米纤维素直径（μm）

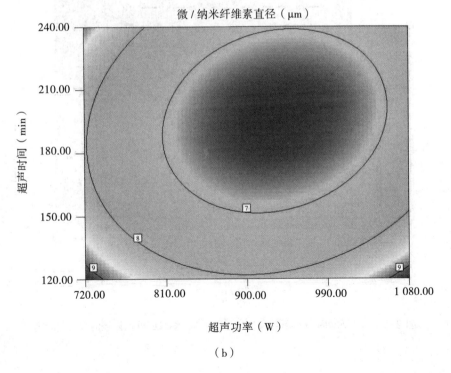

（b）

图2-5　超声功率和超声时间交互作用对微／纳米纤维素直径的响应曲面图

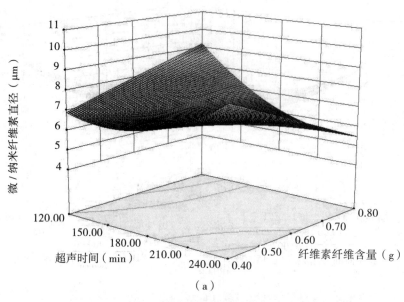

（a）

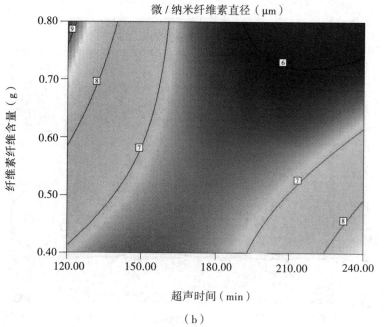

（b）

图 2-6　超声时间和纤维素含量交互作用对微 / 纳米纤维素直径的响应曲面图

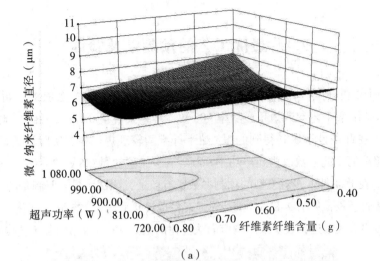

（a）

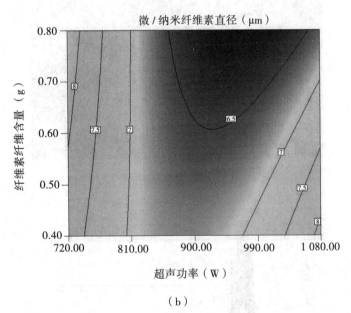

（b）

图 2-7 超声功率和纤维素含量交互作用对微／纳米纤维素直径的响应曲面图

2.4　最优工艺的预测以及验证

利用分析软件（Design Expert 8.0）对试验数据进行优化预测，得到较优微 / 纳米纤维素工艺参数为超声功率 900 W、纤维素含量 0.6 g（2 g/L）、超声时间 180 min，在此条件下制备得到的微 / 纳米纤维素较理想。根据实际试验的可操作性，将超声的工艺参数改为超声功率 960 W、纤维素含量 0.6 g（2 g/L）、超声时间 180 min。在此条件下，对模型的预测参数进行验证，测试结果表明制备的微 / 纳米纤维素细而且长，见图 2-8（a），且纤维素粒径尺寸平均为 125 nm，见图 2-8（b），与模型预测值较接近，表明采用响应面法优化的微 / 纳米纤维素制备工艺参数可靠。

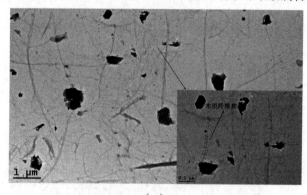

（a）

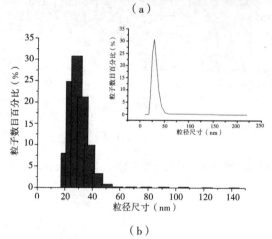

（b）

图 2-8　微 / 纳米纤维素表征

（a）纤维素透射电镜图；（b）粒径分布

2.5　小结

（1）依据单因素试验分析，较理想的微／纳米纤维素的制备工艺条件为 0.4 g 纤维素（300 mL 蒸馏水），200 min 超声时间，960 W 超声功率。

（2）运用 Design Expert 8.0 软件对试验数据进行优化预测，根据实际试验的可操作性，制备的微／纳米纤维素直径理想工艺参数为超声功率 960 W、纤维素含量为 0.6 g（2 g/L）、超声时间为 180 min。

（3）借助于 Box-Benhnken 的中心组合试验设计原理制备的微／纳米纤维素细且长，粒径分布较窄，粒度均一，粒径尺寸平均为 125 nm。

3 金属化微/纳米纤维素的制备

为了使纤维素具有较好的分散度，具备良好的导电性与磁性金属性质，以便利用纤维素制备复合磁性材料和亲水材料，在其表面引入憎水材料，以提高木质纤维素利用价值。于是，本研究利用化学镀 Ni-P 技术，以纤维素分散程度与表面镀层均匀程度为优化指标，优化纤维素表面金属化工艺。

3.1 试验部分

3.1.1 试验仪器

本试验所使用的仪器见表 3-1。

表3-1 试验仪器

名称型号	产　地
PHS-2CA 型精密酸度计	上海雷磁电器厂
FT-IR 红外光谱仪	德国布鲁克光谱仪器公司
S-3400N 扫描电子显微镜	日本日立科技有限公司
SPM-9600 series 原子力显微镜	日本岛津科技有限责任公司
XRD 衍射仪	日本日立科技有限公司
MPMS-XL-7 振动样品磁强计	美国 Quantum Design 公司

3.1.2 试验试剂与材料

本试验所使用的材料与试剂见表 3-2。

表 3-2 试验材料与试剂

名　称	型　号	厂　家
硫酸镍（主盐）	分析纯	天津市科盟化工工贸有限公司
次亚磷酸钠（还原剂）	分析纯	天津市光复精细化工研究所
柠檬酸钠（络合剂）	分析纯	天津市凯通化学试剂有限公司
硫脲（稳定剂）	分析纯	北京化工厂
氨水（pH 调整剂）	分析纯	天津市北联精细化学品开发有限公司
氢氧化钠（活化液）	分析纯	天津市红岩化学试剂厂
硼氢化钠（活化液）	分析纯	天津市科密化学试剂有限公司
盐酸（活化液）	分析纯	天津市永晟精细化工有限公司

3.1.3 金属化微 / 纳米纤维素

1. 金属化微 / 纳米纤维素的制备过程

木质纤维素作为基体材料，称取 0.4 g、0.6 g、0.8 g 木质纤维素，溶于 300 mL 蒸馏水中。首先利用 SM-1200D 超声波信号发生器分散纤维素，分散时间为 180 min，功率为 720 W、960 W、1 080 W。然后将分散好的纤维素置于活化液 A 液（$NiSO_4$ 与 HCl）中，保持 15 min，持续搅拌，取出后直到没有液体滴落时置于 B 液（还原剂 $NaBH_4$ 和 NaOH）活化，活化时间为 90 s。活化后静置 5 min，然后，水浴温度 60 ℃，pH=9 的条件下镀 Ni，15 min 后取出固体，置其于 DH-101-2S 型电热恒温鼓风干燥箱干燥 30 min，通过显微镜观察纤维素金属化后表面金属层包覆程度，获得较好的金属化超声工艺。

2. 金属化微 / 纳米纤维素的制备工艺优化

通过单因素与响应面法优化纤维素金属化工艺。

3. 金属化微 / 纳米纤维素的表征

选取纤维素为 0.6 g，超声功率为 960 W，溶液体积为 300 mL，对其进行金属化。然后利用显微镜观察纤维素金属化后的团聚形态，制作好试件后再利用衍射仪（X-ray diffraction，XRD）、红外光谱仪（fourier transform infrared spectoscopy，FT-IR）、显微镜（biological microscope，BMS）、原子力显微镜（atomic force microscope，AFM）以及扫描电子显微镜（scanning electron microscopy，SEM）进行测试与表征。金属化微 / 纳米纤维制备见图 3-1。

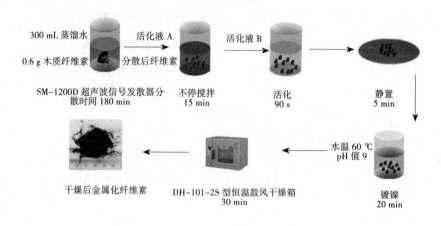

图 3-1　金属化微 / 纳米纤维制备示意图

3.2　测试与表征

3.2.1　显微镜

取少许蒸馏水加到容积 20 mL 烧杯内，放入 0.1 g 金属化纤维素，用玻璃棒搅拌均匀，然后用胶头滴管滴一滴溶液于载玻片上，制好样后利用 OPTEC-BK-5000 生物显微镜观察金属化纤维素并拍照。

3.2.2　SEM

样品置于样品台，然后用导电胶固定，利用日本 Hitachi 公司 S-3400N 型扫描电子显微镜观察，分辨率约为 3.0 nm（真高空状态）。选取形貌较好的图片保存。

3.2.3　XRD

将样品置于30~35 ℃烘箱真空干燥8 h，而后将其研磨、压片进行测定，扫描角度为20°~80°，扫描速度为3 deg/min。颗粒的晶粒尺寸用谢乐方程计算：$D=K\lambda/(\beta cos\theta)$。式中：$\lambda$为入射X射线波长0.154 1 nm；$K$为谢乐常数，取0.89；$\theta$为布拉格（衍射）角；$\beta$为衍射峰的半高峰宽（rad）。

3.2.4　红外光谱（FT-IR）

利用无水乙醇洗涤待测样品，而后置于干燥箱进行干燥，烘干时间大约为20 min，然后将样品进行压片（溴化钾），装好压片，开始测试，分析样品的官能团结构。

3.2.5　原子力显微镜

通过原子力显微镜（SPM-9600型）对微/纳纤维素表面进行扫描表征。扫描采用AFM接触模式，其最大扫描范围为2 μm×2 μm。获取原始的材料表面形貌图后，用处理软件对其进行样品自动校正、自动清除扫描线等基本操作，然后再对颗粒尺寸进行分析。

3.2.6　磁性表征（VSM）

本研究表征材料磁性所用的仪器主要是振动样品磁强计（VSM）。其基本原理是，位于磁场中的样品，在一定距离外的探测线圈感应到的磁通可以被视作外磁化场与由该样品带来的扰动之和。一般而言，扰动量是研究者关注的焦点。磁测领域有诸多划分扰动与环境磁场的方法。譬如，保持环境磁场等因素不变化的情况下，测试样品以一定方式振动，探测线圈会感应到不断快速交变的样品磁通信号。该方法是一种用交流信号测量磁性材料直流磁特性的途径。因此，在测试过程中，直接去除恒定的环境磁场，通过控制线圈位置、振动频率及振幅，进而利用、优化有用的信号。

振动样品磁强计是一种灵敏度较高的磁矩测量工具。其原理基于电磁感应，主要测量位于一组探测线圈中心且以设定频率和振幅做微小振动的样品的磁矩。一般而言，在探测线圈中，小样品振动所产生的感应电压与其振动、磁矩、振幅及频率成正比。确保振幅以及振动频率不改变的条件下，利用锁相放大器测量样品电压，从而求出待测样品的磁矩。VSM很容易实现高灵敏度的测量结果，商业产品的磁矩灵敏度甚至可超过10^{-9} Am^2，如果准确地调整样品与线圈的耦合程度，产品的磁矩灵敏度可以达到 10^{-12} Am^2。此外，利用 VSM 进行磁矩测量的范围上限可以达到 0.1 Am^2。本书中的磁性测试的材料需要经过干燥，干燥温度为 100 ℃。利用 MPMS-XL-7 型振动样品磁量计（山东天合协作中心）测定了金属化纤维素的磁滞回线，并对其饱和磁化强度以及矫顽力进行了分析与研究。

3.3 试验结果与分析

3.3.1 纤维素金属化对纤维素分散的影响

（a）

（b）

图 3-2 不同条件下纤维素的分散状态

（c）

（d）

图 3-2 不同条件下纤维素的分散状态（续）

（a）未处理的纤维素；（b）金属化纤维素；
（c）金属化前的纤维素 (40×)；（d）金属化后的纤维素 (40×)

图 3-2 是不同条件下纤维素分散状态。图 3-2（a）表明未经过处理的纤维素存在严重的团聚；金属灰色杆状纤维素散乱分布且团聚现象已经消失，见图 3-2（b），纤维分散较好；超声处理的纤维素周围存在许多从纤维素次生细胞壁脱落的散落物，见图 3-2（c），散落物主要来自纤维素初生壁和次生壁外层破裂。而相较于图 3-2（c），图 3-2（d）中的金属化纤维素的分散程度有了较大提高。纤维素经过金属化后会形成一种棒状磁性材料，这将极大降低纤维素团聚。一个可能的原因是超声波声空化作用产生的微射流的作用和剪切纤维素，打断了纤维素纤维表面氢键，促进纤维素分散。此外，金属化使纤维素纤维表面包覆一层均匀金属层，其表面的官能团被隐藏起来，官能团之间的相互作用会减弱，同样会促进纤维素分散。Ni 是一种顺磁性较好的金属，磁性镍粒子之间的互斥同样会减弱纤维素团聚。由此可见，纤维素金属化可以很好地消除纤维素之间的团聚。

3.3.2　超声功率对纤维素金属化表面包覆程度的影响

图 3-3 是不同超声功率处理纤维素的显微镜对比图。图中表明随着超声功率的增大，金属化纤维素表面裸露的晶态组织逐渐减少，纤维素表面金属包覆程度逐渐提高，同时纤维素表面均匀程度渐渐提高。图 3-3（a）相较于图 3-3（b），图 3-3（c）相比于图 3-3（d），纤维素表面金属化程度明显低于后者，图 3-3（b）相比图 3-3（c）与图 3-3（d），纤维素表面金属包覆程度较低，金属化程度低于后者。然而，超声功率超过 960 W 时，纤维素表面金属化程度开始降低，纤维素表面沉积的金属层不均匀，金属层的均匀程度在下降。究其原因，未超声处理的纤维素由于大量团聚的存在，金属粒子不能很好地沉积于表面，随着超声功率增大，超声波处理木质纤维素，声空化作用产生的微射流对纤维素产生冲击、剪切作用。这些利于将团聚的纤维素分开，于是在纤维素表面进行化学镀 Ni 时，其表面更加利于 Ni 粒子沉积。当超声功率超过 960 W 时，超高强度的超声波会使纤维素表面的凸起部分完全脱落，破坏纤维素表面的微孔结构，不利于金属层生长。同时，较大的超声功率会加速纤维素之间热效应，不利于金属化活化，降低纤维素表面的 Ni 自催化反应效率，降低金属包覆程度。因此，综合考虑处理的效果、均匀性和经济性，选择超声功率为 960 W。

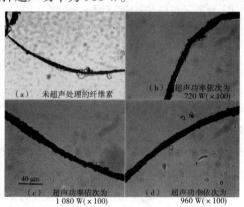

图 3-3　不同超声功率纤维素显微镜图

3.3.3　纤维素用量对纤维素金属化表面包覆程度的影响

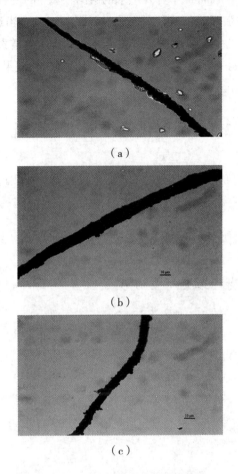

（a）

（b）

（c）

图 3-4　不同纤维素含量显微镜图

（a）纤维素 0.4 g；（b）纤维素 0.6 g；（c）纤维素 0.8 g

　　图 3-4 是不同纤维素含量条件下，金属化纤维素显微镜对比图。图 3-4（a）中的纤维素表面覆盖着部分金属层，纤维素晶态组织清晰可见，金属层覆盖程度较低，不均匀分布于纤维素表面；图 3-4（a）中的纤维素表面金属层包覆程度较图 3-3（a）有所提高，纤维素表面金属相分布较均匀；图 3-4（b）中纤维素金属包覆程度较高，纤维素粒径较其他金属化纤维素更大，纤维素表面金属层分布较均匀；图 3-4（c）中纤维素金属包覆程度较高，金属化纤维素粒径较图 3-4（b）小，局部纤维素表面有突起，金属层分布不均匀。当纤维素用量为 0.6

g（2 g/L）时，纤维素的粒径较大，金属包覆程度较好，金属层分布较均匀。根据 Guglielmi's adsorption model（古列尔米的吸附模型）的复合镀沉积[101]，吸附过程可以分为弱吸附和强吸附，这种弱吸附过程是可逆的，当纤维素纤丝浓度增大到一定程度时，更大的空化效应将导致粒子之间的排斥力增大较吸引力增大更快，Ni、P粒子不能很好地一起聚沉，导致纤维素表面金属化效果不是很好。

3.4　金属化纤维素工艺优化

简单来说，工艺优化是对原有的工艺流程进行设计或改进，以提高运行效率、降低生产成本，进而严格控制工艺，产生一种优于现行工艺的操作方法。

3.4.1　单因素优化纤维素金属化工艺

1. 镀液体积对纤维素增重的影响

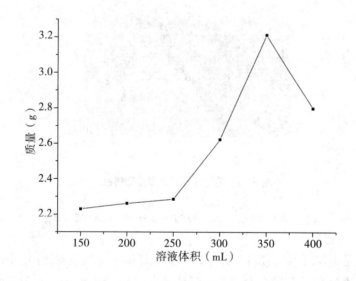

图 3-5　镀液体积与纤维素质量增重关系

图 3-5 展示了镀液体积对纤维素增重的影响。该图表明随着镀液体积的增大，金属化纤维素增重量先增大后减小。镀液体积由 250 mL 增加到 350 mL 时，金属化纤维素增重较快，镀液体积由 350 mL 增加到 400 mL 时，纤维素增重逐渐减小，溶液浓度减小会导致反应速率降低，其增重会随之变小。因而，初步选定纤维素

增重的理想镀液体积为 350 mL。与镀液体积为 350 mL 比较, 镀液体积为 300 mL 时, 制备的金属化纤维素分散程度更好, 金属化纤维素颜色更接近于 Ni 粒子固有颜色, 因而本研究纤维素增重的理想镀液体积为 300 mL。究其原因, 镀液体积较小时, 镀液浓度较大, 反应速率较快, 活化后的纤维素没来得及被搅拌均匀, 反应已经开始。同时, 过快的反应速率产生大量热, 加速了镀液中的氨水的挥发, 不利于化学镀反应的正常进行。此外, 次亚磷酸盐的浓度在一定范围内时[102], 沉积速率才有利于镀层中 P 含量的降低, 从而利于纤维素的增重。镀液体积较大时, 镀液浓度较小, 单位时间内纤维素表面金属层沉积量较小, 制备金属化纤维素效率较低, 不符合高效、方便、简捷的科研理念。

2. 镀液酸度对纤维素增重的影响

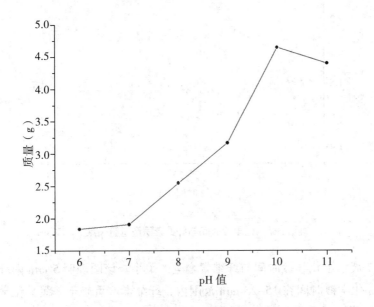

图 3-6 镀液酸度与纤维素质量增重关系

图 3-6 展示了镀液酸度对纤维素增重的影响。该图表明随着镀液酸度值的增大, 金属化纤维素的增重先增大后减小。镀液酸度值由 6 增加到 7 时, 纤维素增重缓慢变化, 镀液酸度值在 7 到 9、9 到 10 之间时, 纤维素增重较快, 前者较后者的唯一变化是后者的金属化纤维素 P 含量较高, 金属化纤维素颜色偏黑色, 前者金属化纤维素颜色较光亮, 偏金属灰色。然而, 太高的酸度值会加快镀层中 P 的生成, 每生成 3 mol H⁺, 会生成 1 mol P, 太高的镀液酸度会加快 H⁺ 的溢出, 等同于加速了 P 的生成。因而, 为减少 P 的生成, 本试验镀液酸度值一般调整为

9~10。由于环境因素的变化，酸度计校准后，每次进行化学镀，酸度计的起始酸度值有微小波动，大量基础实验证明具体调整数值还需依照镀液配好且搅拌均匀后的镀液初始酸度值，起始酸度值为5.5~5.7，化学镀pH调整为9，起始酸度值为5.7~5.9，化学镀pH调整为9.5。本研究中化学镀pH调整为9，金属化纤维素分散程度较好，其颜色接近金属Ni颜色。

3. 化学镀时间对纤维素增重的影响

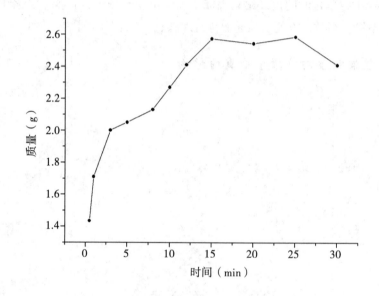

图3-7　化学镀时间与纤维素质量增重关系

图3-7展示了化学镀时间与纤维素增重的关系。该图表明5 min内纤维素增重特别快，化学镀时间在15~25 min范围内，纤维素增重趋于平缓，化学镀时间超过25 min后，纤维素表面金属包覆程度较15~25 min时间段有所降低，原因可能是化学镀过程中的搅拌会破坏了镀层，也可能是纤维素表面边缘沉积太多金属，由于自身重力大于金属与纤维素表面的结合力而自然脱落。此外，随着化学镀时间的延长，镀液释放出来的热量加速了氨水挥发，从而降低化学镀反应速率，Ni的自催化反应速率随之降低，纤维素增重变化幅度变小。因此，综合考虑处理效果、均匀程度和经济性，建议将化学镀时间定为15 min。

3.4.2 响应面分析

1. 响应面因素水平选取

由上述单因素实验可知，纤维素表面金属化的较优工艺为镀液体积 300 mL，镀液酸度值（pH）为 9，化学镀时间为 15 min。以其为平衡值制作表 3-3，优化金属化纤维素制备工艺。

综合单因素试验，根据 Box-Benhnken 的中心组合试验设计原理分别选取化学镀液体积、镀液酸度值、化学镀时间三个因素，采用三因素三水平的响应面分析方法对样品金属沉积量进行优化，三因素与三水平如表 3-3 所示。

表3-3 响应面实验因素水平表

因素	水平		
	−1	0	1
A	200	300	400
B	8	9	10
C	10	15	20

注：A 是化学镀液体积 V（mL），B 是镀液酸度值 pH，C 是化学镀时间 t（min）。

2. 响应面数学模型构建与分析

利用单因素试验分析的结果，响应面优化试验设计为三因素三水平，利用 Design Expert 软件分析，评价标准为纤维素增重，分析结果如表 3-4 所示。

利用 Design Expert 软件对试验结果分析，得到制备金属化微 / 纳米纤维素二次多项回归方程（3-1）：

$$DM = 2.69 - 0.29A + 0.42B - 0.15C - 0.032AB - 0.21AC + 0.12BC$$
$$- 0.098A^2 - 0.076B^2 - 0.11C^2$$

$$(3-1)$$

式中，DM 为金属沉积量；A 为镀液体积；B 为镀液酸度值；C 为化学镀时间。

对回归模型进行方差分析，结果如表 3-5 所示。模型是极其显著的（$P < 0.0001$），回归模型的决定系数为 0.98，说明该模型能够解释 98.32% 的变化，因

此可用此模型对制备金属化纤维素表面金属沉积量进行分析和预测，对实践具有指导意义。在模型中，一次项中各因素对微/纳米纤维素表面金属沉积量的影响显著性大小顺序是镀液酸度值（B）> 镀液体积（A）> 化学镀时间（C）；模型中二次项（A 与 C）对纤维素增重的影响显著；镀液酸度值（B）与化学镀时间（C）的交互作用以及镀液体积与化学镀时间的交互作用对纤维素表面金属沉积量的影响显著。

表 3-4　响应面分析试验结果与预测结果

试验号	A	B	C	YDE 值	
				实际值	预测值
1	1	0	−1	2.33	2.35
2	0	0	0	1.91	1.84
3	−1	1	0	3.18	3.25
4	0	1	1	2.63	2.61
5	1	1	0	2.78	2.71
6	0	−1	1	2.52	2.71
7	−1	0	−1	2.86	2.82
8	−1	0	1	1.76	1.83
9	0	0	0	2.32	2.36
10	0	−1	−1	2.97	2.96
11	−1	−1	0	1.81	1.81
12	0	0	0	2.92	2.88
13	1	0	1	2.61	2.69
14	1	−1	0	2.63	2.69
15	0	0	0	2.71	2.69
16	0	0	0	2.69	2.69
17	0	1	−1	2.79	2.69

表3-5 回归模型方差分析

来源	SS	DF	MS	F	Prob > F	显著性
模型	2.61	9	0.29	45.44	< 0.000 1	＊＊
$A-A$	0.67	1	0.67	104.58	< 0.000 1	＊＊
$B-B$	1.39	1	1.39	217.33	< 0.000 1	＊＊
$C-C$	0.19	1	0.19	29.96	0.000 9	＊＊
AB	4.154E-003	1	4.154E-003	0.65	0.446 5	—
AC	0.18	1	0.18	27.61	0.001 2	＊＊
BC	0.055	1	0.055	8.65	0.021 7	＊
A^2	0041	1	0041	6.37	0.039 6	＊
B^2	0.024	1	0.024	3.77	0.093 2	—
C^2	0.051	1	0.051	7.97	0.025 7	＊
残差	0.045	7	6.385E-03	—	—	—
总变量	2.66	16	—	—	—	—

注：＊＊表示 $P < 0.001$，差异极显著；＊表示 $P < 0.05$，差异显著

分析结果表明，$R^2=0.983\,2$，校正 $R^2=0.961\,5$，Ade-quate。精度 = 23.462。

3.4.3 响应面等高线分析交互影响结果

图 3-8 是镀液体积和镀液酸度值交互作用对金属化微／纳米纤维素金属沉积量的响应曲面图。该图表明镀液酸度值为较小值时，金属化微／纳米纤维素金属沉积量随镀液体积的增大先缓慢增大后减小；镀液体积值为较小值时，金属化微／纳米纤维素质量随镀液酸度值的增大而缓慢增大。镀液体积变化较溶液酸度值变化对金属化微／纳米纤维素金属沉积量的影响更大，表现为镀液体积变化响应曲面的坡度较陡和等高线较密集。

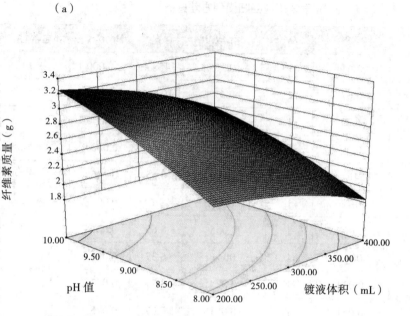

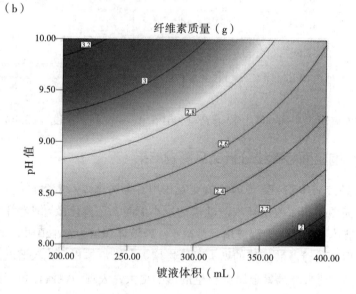

图 3-8　镀液体积和镀液酸度值交互作用对金属沉积量的响应曲面图

　　图 3-9 是镀液体积和化学镀时间对金属化微 / 纳米纤维素金属沉积量的响应曲面图。该图表明化学镀时间为较小值时，金属化微 / 纳米纤维素金属沉积量随镀液体积的增大先增大后缓慢减小；镀液体积为较小值时，金属化微 / 纳米纤维素金属沉积量随唾液酸度值的增大先增大后减小。镀液体积变化较溶液酸度值变

化对金属化微／纳米纤维素金属沉积量的影响更大，表现为镀液体积变化响应曲面的等高线较密集。

（a）

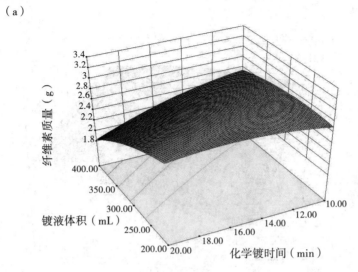

（b）

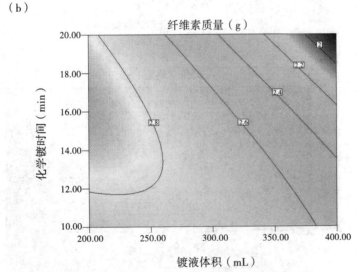

图 3-9　镀液体积和化学镀时间对金属化纤维素金属沉积量的响应曲面图

图 3-10 是化学镀时间和镀液酸度值对金属化微／纳米纤维素金属沉积量的响应曲面图。该图表明化学镀时间为较小值，金属化微／纳米纤维素金属沉积量随镀液酸度值的增大而增大；镀液酸度值为较小值时，金属微／纳米纤维素金属沉积量随化学镀时间的增大先增大后减小。化学镀时间较镀液酸度值变化对金属化

微/纳米纤维素金属沉积量的影响更大，表现为化学镀时间变化响应曲面的坡度较陡和等高线较密集。

（a）

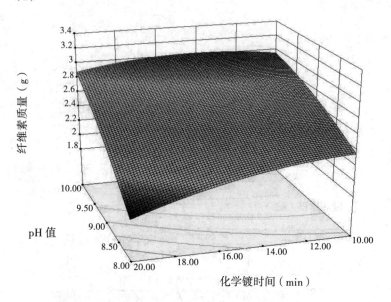

（b）

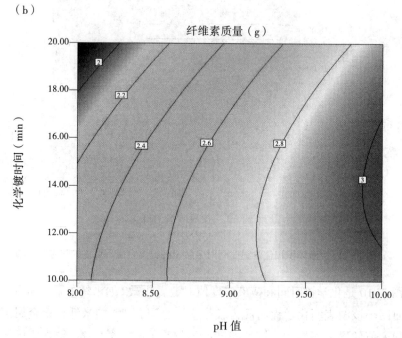

图3-10 化学镀时间和镀液酸度值对金属化微/纳米纤维素金属沉积量的响应曲面图

3.4.4　最优工艺条件的验证

利用 Design Expert 8.0 软件对试验数据进行优化与预测，获得较优金属化微 / 纳米纤维素金属沉积量工艺参数，即溶液体积为 300 mL、溶液酸度值为 9、化学镀时间为 15 min。在此条件下制备出的金属化微 / 纳米纤维素较理想。根据试验的实际可操作性以及金属化纤维素金属包覆程度将化学镀的工艺参数调整为溶液体积为 300 mL、溶液酸度值（pH）为 9.5、化学镀时间为 15 min。在此条件下对模型的预测参数进行验证，得到的金属化微 / 纳米纤维素金属包覆程度较好，即金属化程度最佳（见图 3-4（b）），该结果与模型预测值比较接近，进一步表明采用响应面法优化化学镀工艺参数更准确、可靠。

3.5　结构表征与性能分析

3.5.1　形貌分析

图 3-11 是纤维素金属化前后形貌。图 3-11（a）为显微镜下观察的纤维素纤维，其整个表面呈现棒状透明组织；纤维素经过金属化，其表面覆盖了一层黑色的物质（见图 3-11（b）），而且表面透明组织已经消失，未出现在显微镜观察视野内；通过 SEM 观察金属化纤维素，其表面包覆了一层亮色物质（见图 3-11（c））；能谱检测表明，亮色金属主要成分是 Ni 粒子（见图 3-11（d）与表 3-6），很好地证明了金属 Ni 的存在而且是主要成分；图 3-11（e）表明金属化纤维素可以形成中空金属层，中空金属层厚度大约 4 μm；图 3-11（f）是样品的 VSM 图，该图中的磁滞回线显示出金属化纤维素具备较好的软磁特性，样品具有较高的饱和磁化强度，饱和磁化强度为 9.8 emu/g，矫顽力为 38 Oe（见表 3-7）。一般而言，顺磁性较好的复合材料，矫顽力和剩磁都很小。中空材料拥有更大的比表面积，不仅孔径大而且内表面大。微 / 纳米纤维素中空材料拥有较好的磁性与金属特性，这些特点必将打开催化材料新的应用领域，从而为提高催化材料的催化效率奠定基础。此外，纤维素金属化制备中空材料对非金属材料转化为金属材料和空心催化磁性材料提供了一种新技术。

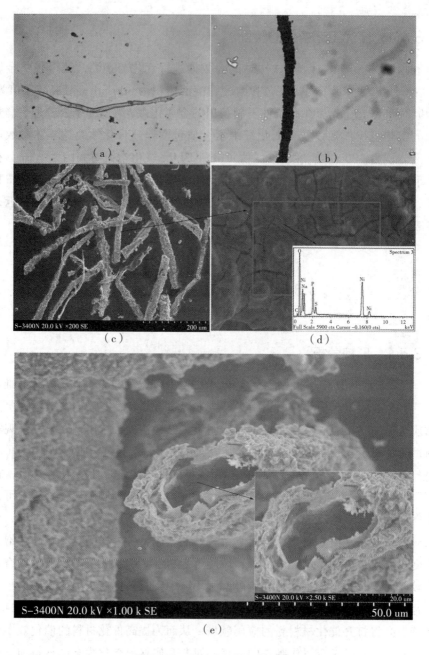

图 3-11　微纳米纤维纤丝形貌

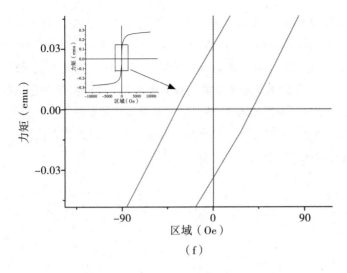

（f）

图 3-11　微 / 纳米纤维纤丝形貌（续）

（a）超声后纤维素（×100）；（b）金属化纤维素（×100）；（c）金属化纤维素 SEM；
（d）金属化纤维素局部放大图，嵌入金属化纤维素能谱图；
（e）中空纤维素，局部放大图；（f）磁滞曲线局部放大图，磁滞曲线

表 3-6　纤维素表面镀层成分分析

镀层类型	元素组成（wt%）		
	Ni	O	P
Ni-P	40.96	33.42	7.61

表 3-7　金属化纤维素磁化强度与矫顽力

样品	Ms	Hcm	Mr
	emu/g	Oe	emu/g
金属化纤维素	9.8	38	0.97

注：质量 =30.8 mg

3.5.2　XRD 分析

图 3-12 是金属化纤维素 XRD 图。图中曲线 1 表明经过超声处理且未进行化学镀 Ni 的纤维素表面晶态组织较少，衍射峰强度较弱；曲线 2 表明经过化学镀 Ni 的纤维素表面晶态组织有了明显增加，衍射峰强度明显增加。图 3-12 嵌入图与曲

线 2 相比较，新出现的衍射峰为 Ni 峰。一方面可以进一步验证纤维素表面 Ni 粒子的存在，另一方面可以说明经过化学镀 Ni 可以使纤维素表面晶态组织增加，使非金属具备金属特性。$2\theta = 45°$ 的衍射峰半峰宽变的宽而尖锐，表明纤维素金属化可以细化晶粒而且金属化不会改变微 / 纳米纤维素表面固有的晶态结构。此外，衍射峰 $2\theta = 30°$ 与 $2\theta = 48°$ 处衍射峰的消失表明金属镀层已经完全包覆了纤维素纤维表面，同时，XRD 数据分析的结果进一步为今后提高物体表面晶态组织与赋予木质材料良好导电性及磁性提供了新的方法。

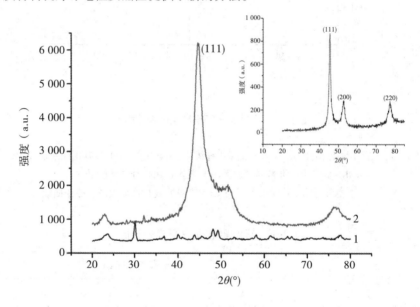

图 3-12　样品结构分析

1——超声处理纤维素；2——超声处理且化学镀 Ni，Ni 金属层 XRD

3.5.3　粒径分析

图 3-13（a）中较大粒子直径约为 12 nm，其他粒子直径均小于 12 nm，图 3-13（b）表明纤维素分散均匀，图 3-13（c）中粒子平均高度为 58.65 nm。通过图 3-13 可以得出结论，本研究中的纤维素经过一定功率的超声波分散处理，微米级纤维素可以转变为微 / 纳米级纤维素，金属化纤维素依然可以达到微 / 纳米级。由于超声波声空化产生的微射流会对纤维素产生冲击、剪切作用，同时纤维细胞壁出现裂纹 (cracks) 导致细胞壁发生位移与变形（见图 3-13（d）和图 3-13（e）），初生壁和次生壁外层破裂脱成次生壁层 (S_2)，更多的次生壁 (S_2) 纤维素暴露，被细化成纤丝。超声波可以提高纤维素纤丝吸水润胀能力[103]，可以打断纤维素间的氢

键，打开内部微孔结构，对提高纤维素的可及度和化学反应性能非常有利。[104] 大量官能团将从纤维素表面暴露，因为纤维素表面具有丰富的 C=O 官能团使纤维素表面电负性，可以吸附 Ni^{2+}，在 Ni 的自催化条件下、纤维素表面吸附的 Ni^{2+} 被还原成 Ni 单质并释放 H_2。此外，氢键断开为 Ni^{2+} 和纤维素纤维提供更大的相互接触的空间，部分纤维素纤维粗糙的表面（见图 3-13（d）0 和微孔（图 3-13（e））更适合 Ni^{2+} 吸附。比较图 3-13（f）与图 3-13（g）中的纤维素，由于基体纤维素经过超声波处理，其表面更利于金属粒子沉积，于是金属包覆程度会极大提高。

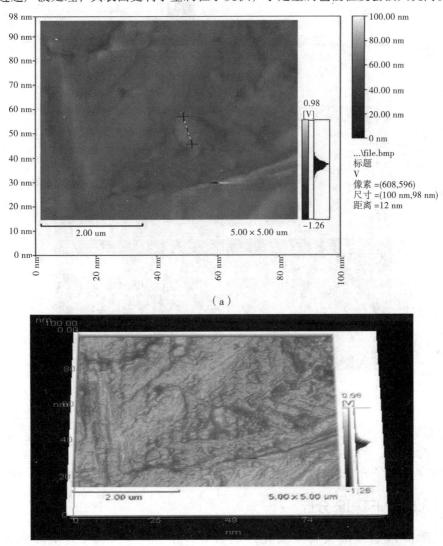

（a）

（b）

图 3-13　粒径分子

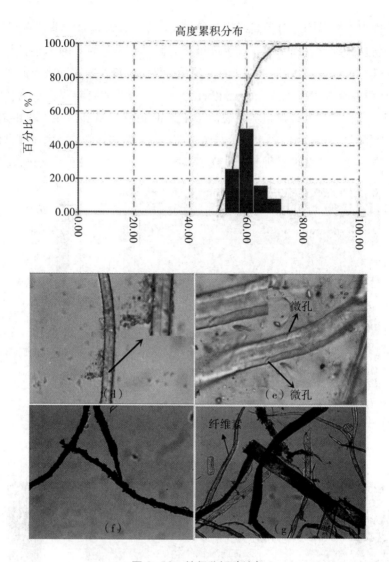

图 3-13　粒径分析（续）

（a）粒径分析；（b）3-D；（c）粒径分布图；
（d）超声处理后纤维素（×400）；（e）超声处理后纤维素；
（f）超声处理后经过化学镀纤维素（×100）；（g）未超声处理后经过化学镀纤维素（×100）

3.5.4　FT-IR分析

图 3-14 是纤维素与金属化纤维素 FT—IR。图中曲线 1 表明纤维素在 3 421 cm^{-1} 处存在明显的—OH 特征吸收峰；2 906 cm^{-1} 处的吸收峰是由饱和 C—H

伸缩振动引起；在 1 000~1 250 cm⁻¹ 处的指纹区是纤维素的特征吸收峰，在 1 058 cm⁻¹、1 100 cm⁻¹ 以及 1 160 cm⁻¹ 处的分别是 C–O 键、氢键以及反对称 C–O–C 伸缩峰，1 430 cm⁻¹ 处的吸收峰是由对称 CH₂ 弯曲振动引起，877 cm⁻¹ 处的吸收峰是由 C–O–C 伸缩振动引起的。曲线 2 表明金属化纤维素表面的特征吸收峰强度较弱，几近消失，特别是纤维素指纹区吸收峰的消失。1 430 cm⁻¹ 处对称 CH₂ 弯曲振动以及 2 906 cm⁻¹ 处饱和 C–H 伸缩振动引起的吸收峰已经消失；1 058 cm⁻¹、1 160 cm⁻¹ 以及 877 cm⁻¹ 处吸收峰已经消失，该结果表明纤维素表面已经包覆了一层均匀的金属层，因而其表面官能团红外吸收峰会减弱。图 3–14 分析结果与图 3–11 SEM 图的结果相一致。1 110 cm⁻¹ 处吸收峰的加强是由纤维素活化以及金属化过程中碱溶液作用于纤维素表面，纤维素之间的氢键断裂，纤维素间距加大，其表面羟基裸露出来造成的，3 421 cm⁻¹ 处 –OH 的减弱却未消失很好地验证了该分析结果的正确性。

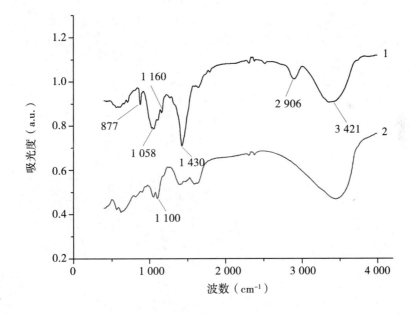

图 3–14　红外光谱图

1——超声处理但未化学镀 Ni；2——1 次化学镀 Ni

3.6　小结

（1）利用化学镀 Ni 将纤维素金属化，其表面可以包覆一层均匀金属 Ni 层。

（2）纤维素金属化可以有效提高纤维素表面的结晶度，且化学镀不会破坏纤维素表面固有的结构。

（3）纤维素金属化有利于提高纤维素之间的分散程度，很好地解决了纤维素之间的团聚问题。

（4）当纤维素浓度为 2 g/L、超声功率为 960 W、超声时间为 180 min、镀液体积为 300 mL、镀液酸度值 (pH) 为 9、化学镀时间为 20 min 时，金属化纤维素分散效果以及金属化包覆程度达到最佳。

4 微/纳米纤维素表面金属层的生长路径

为了探究微/纳米纤维素表面镀层的生长路径，对不同沉积时间的镀层形貌进行扫描电镜（SEM）及显微镜（BSM）测试表征，每一次化学镀后同时提供图像。通过对不同沉积时间的图像进行分析比较，分析 Ni 颗粒大小及镀 Ni 层的变化。根据金属层的形貌分析，推断出微/纳米纤维素表面化学镀 Ni—P 过程中金属层生长路径。此外，化学反应速率对纤维素表面金属层生长有明显的影响。为了探究二者的关系，通过对化学镀 Ni 体系热力学与动力学的研究，分析研究化学反应速率与纤维素表面金属层生长的关系。

4.1 试验部分

4.1.1 试验材料与试剂

本试验所使用的材料与试剂见表 4-1。

表 4-1 本试验材料与试剂

名称	型号	厂家
硫酸镍（主盐）	分析纯	天津市科盟化工工贸有限公司
次亚磷酸钠（还原剂）	分析纯	天津市光复精细化工研究所
柠檬酸钠（络合剂）	分析纯	天津市凯通化学试剂有限公司
硫脲（稳定剂）	分析纯	北京化工厂
氨水（pH 调整剂）	分析纯	天津市北联精细化学品开发有限公司

续 表

名称	型号	厂家
氢氧化钠（活化液）	分析纯	天津市红岩化学试剂厂
硼氢化钠（活化液）	分析纯	天津市科密化学试剂有限公司
盐酸（活化液）	分析纯	天津市永晟精细化工有限公司

4.1.2　试验仪器

本试验所使用的仪器见表4-2。

表4-2　本试验仪器

名称型号	产地
S-3400N 扫描电子显微镜	日本日立科技有限公司
OPTEC-BK-5000 生物显微镜	重庆奥特光学仪器有限责任公司

4.2　纤维素表面化学镀 Ni 复合材料制备

木质纤维素作为基体材料，称取 0.6 g 木质纤维素，溶于 300 mL 蒸馏水中。首先利用 SM-1200D 超声波信号发生器分散纤维素，分散时间为 180 min，功率为 960 W。然后将分散好的纤维素置于活化液 A 液 ($NiSO_4$ 和 HCL) 中，保持 15 min，期间不停搅拌，取出后直到没有液体滴落时置于 B 液（$NaBH_4$ 和 NaOH）活化，活化时间为 90 s。活化后静置 5 min，然后在水浴温度 60℃，pH=9 的条件下镀 Ni，持续时间为 20 min，取出固体，置其于 DH-101-2S 型电热恒温鼓风干燥箱干燥 30 min，通过光学显微镜与扫描电镜观察金属化纤维素表面金属包覆程度。

4.3 测试方法

4.3.1 扫描电子显微镜

扫描电子显微镜 (SEM) 是介于透射电镜与光学显微镜之间的一种微观形貌观察途径，可直接利用样品表面材料的物质性能进行微观成像。特点有：① 有较高的放大倍数，20 倍 ~20 万倍之间连续可调；② 有很大的景深，视野大，成像富有立体感，可直接观察各种试样凹凸不平表面的细微结构；③ 试样制备简单。

目前的扫描电镜都配有 X 射线能谱仪装置，这样可以同时进行显微组织形貌的观察和微区成分分析，因此它是当今十分有用的科学研究仪器。

本研究中，将棒状金属化纤维素样品粘上导电胶并置于测试台后，采用产自日本的 S-3400N，选用不同放大倍率观察金属化纤维素表面形貌，利用 SEM 配备的能谱测试设备测定材料组成成分。

4.3.2 显微镜分析

显微镜分析（biological microscope，BMS），通常皆由光学部分、照明部分和机械部分组成。无疑光学部分是最为关键的，它由目镜和物镜组成。

取少许蒸馏水加到容积 20 mL 的烧杯内，放入 0.1 g 金属化纤维素，用玻璃棒搅拌均匀，然后用胶头滴管滴一滴溶液置于载玻片上，制好样后利用 OPTEC-BK-5000 和 VK-X160 显微镜观察金属化纤维素并拍照。

4.4 金属化纤维素表面金属镀层的生长路径

4.4.1 金属化纤维素质量与时间的关系

图 4-1 是金属化纤维素质量与化学镀时间之间的关系。图中表明随着时间的延长，金属化纤维素质量一直增大，在 0.5~5 min 时间段内，金属化纤维素质量变化较快，6~15 min 时间段内金属化纤维素质量变化较慢，化学镀时间超过 15 min，纤维素质量变化较小，甚至质量在减小。因而，从经济成本考虑，化学镀时间为 15 min 得到的金属化纤维素质量较为合理。究其原因，一方面，金属化纤维素质

量变化主要受镀液浓度影响，随着反应的进行，化学镀液中主盐 Ni 离子浓度逐渐降低，镍的自催化反应的速率渐渐减小；另一方面，镍的自催化反应是放热反应，生成的热量会促使镀液中的氨水挥发速率加快，镀液 pH 值降低，化学镀速率随之减小。此外，棒状纤维素表面沉积过多的蓬松金属层会使其脱落，化学镀时间太长反而浪费资源。

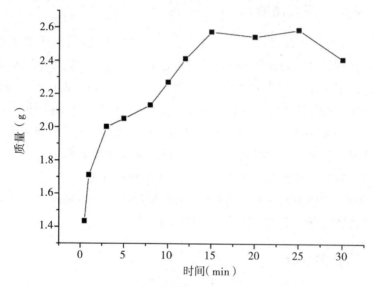

图 4-1　金属化纤维素质量与化学镀时间的关系

4.4.2　不同时间段纤维素表面金属镀层的生长路径

图 4-2 是纤维素表面镀层生长形貌与化学镀时间之间的关系。图 4-2（a）表明未经过活化的纤维素表面光滑而且纤维素边缘呈现透明组织，经过活化液活化的纤维素表面有一些凸起（见图 4-2（b）），纤丝边缘明显变黑，变黑表明纤丝表面有某些物质覆盖。经过不同化学镀时间（见图 4-2（c）~图 4-2（p）），其表面逐渐包覆一层黑色物质，初步判断黑色物质是金属镀层，由于金属镀层不能透光因而光学显微镜下表现为黑色，金属镀层由纤维素中部向边缘逐渐扩散，金属镀层逐渐包覆整个纤维素表面。化学镀时间为 15~25 min 时，纤维素纤丝表面金属镀层包覆程度较好，而且此时金属化纤维素质量较大，因而初步判断较好的化学镀时间为 15~25 min，鉴于经济成本与节约能源，较好的化学镀时间为 15 min。上述现象表明，微 / 纳米纤维素表面金属镀层生长机理是纤维素表面中部先沉积金属，然后金属镀层向纤维素边缘沉积，逐渐包覆整个纤维素表面，纤维素边缘金

属化效果不好也证明了纤维素化学镀存在尖端效应，纤丝边缘容易出现毛刺。此外，化学镀时间超过 25 min 后，纤丝表面金属包覆程度较 15~25 min 有所降低，可能原因是化学镀过程中搅拌会破坏镀层，也可能是纤丝表面边缘沉积太多金属，由于自身重力大于金属与纤丝表面的结合力而自然脱落。

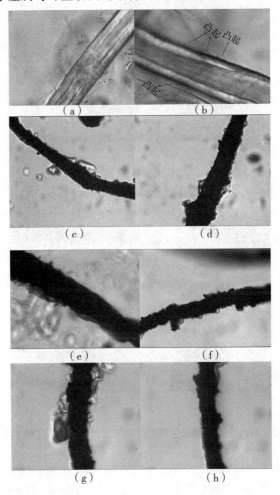

图 4-2　纤维素表面镀层生长形貌与化学镀时间之间的关系

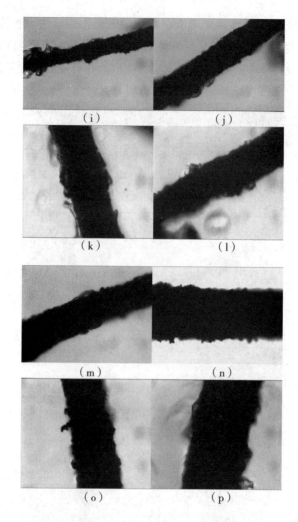

图 4-2　纤维素表面镀层生长形貌与化学镀时间之间的关系（续）

（a）未活化（×400）；（b）活化（×400）；（c）～（p）化学镀时间依次为 0.5 min、1 min、
2 min、3 min、4 min、5 min、6 min、7 min、8 min、9 min、10 min、15 min、20 min、25 min、
30 min

　　图 4-3 是纤维素表面镀层生长形貌与化学镀时间的关系。图 4-3（a）显示超
声处理后的纤维素表面凹凸不平，其表面有许多沟壑；图 4-3（b）表明化学镀时
间为 0.5 min，微 / 纳米纤维素表面金属粒子很少，其表面主要覆盖一些块状或者
片状的物质；图 4-3（c）中的纤维素表面凹凸不平，其表面稀疏分布一些金属粒
子；图 4-36（d）表明化学镀时间为 2 min，纤维素表面金属粒子明显增加，金属
粒子与纤维素块状交互分布，镀层疏松多孔隙，其表面覆盖的一些块状或者片状

的物质有明显减少；图4-3（e）中的纤维素表面逐渐趋于平整，金属粒子几乎包覆了纤维素表面，部分粒子团聚在一起；图4-3（f）表明化学镀时间达到10 min，金属粒子均匀包覆纤维素表面，其表面镀层较均匀；图4-3（g）纤维素表面已经完全被金属粒子包覆，密实的镀层形成了中空空腔；图4-3（h）表明化学镀时间为20 min，纤维素表面聚集了较多金属粒，其表面局部一些金属粒子团聚在一起，边缘有部分块状物质。纤维素表面金属化过程中，随着化学镀时间的延长，金属镀层逐渐由表面向边缘覆盖纤维素表面，镀层渐渐变得致密、均匀，化学镀时间达到10 min时，纤维素表面镀层开始变得致密，镀层较好。化学镀时间太长也会导致纤维素表面金属粒子团聚。较合理的化学镀时间为15 min。此外，SEM结论也证明了显微镜观察与分析结果的正确性。

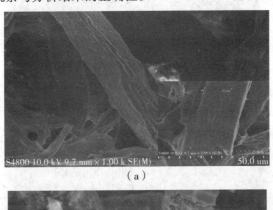

（a）

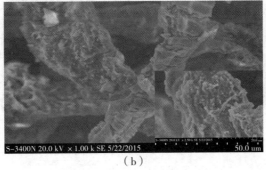

（b）

图4-3　纤维素表面镀层与化学镀时间之间的关系

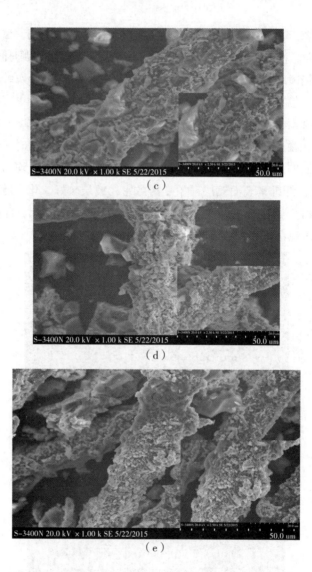

图 4-3　纤维素表面镀层与化学镀时间之间的关系（续）

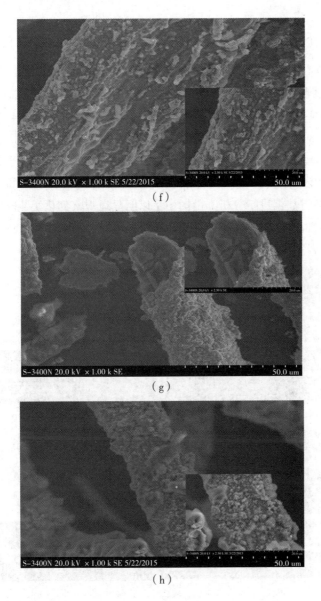

图 4-3　纤维素表面镀层与化学镀时间之间的关系（续）

（a）超声处理纤维素；（b）~（h）化学镀时间为 0.5 min、1 min、2 min、5 min、10 min、
15 min、20 min

4.4.3　不同时间段微／纳米纤维素表面粗糙度的变化

图4-4是木质纤维素表面经过一定化学镀Ni时间时的形貌。图4-4（a）是木质纤维素镀镍2 min的表面形貌；图4-4（b）是木质纤维素表面镀镍4 min的表面形貌；图4-4（c）是木质纤维素镀镍6 min的表面形貌；图4-4（d）木质纤维素表面镀镍8 min的表面形貌；图4-4（e）是木质纤维素镀镍10 min的表面形貌；图4-4（f）是木质纤维素镀镍12 min的表面形貌；图4-4（g）是木质纤维素镀镍14 min的表面形貌；图4-4（h）是木质纤维素镀镍16 min的表面形貌。该因素选择了10组数据进行分析，由图中可以明显地观察到化学镀时间不同，木质纤维素表面粗糙度不同，木质纤维素化学镀时间为8 min时木材表面粗糙度（Ra值）最大（见表4-3）。

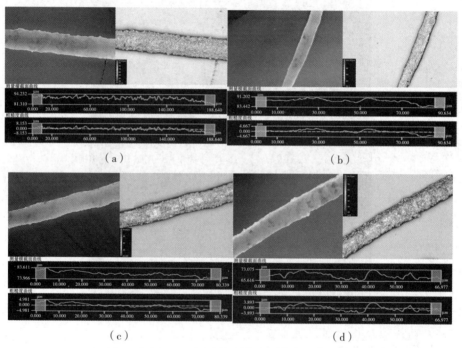

图4-4　木质纤维素表面化学镀Ni形貌（200×）

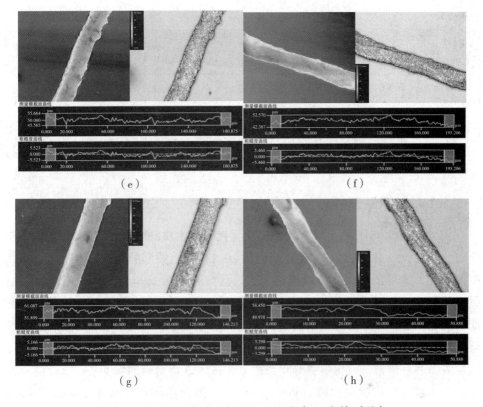

图4-4　木质纤维素表面化学镀 Ni 形貌（200×）（续）

（a）~（h）纤维素镀镍时间分别为 2 min、4 min、6 min、8 min、10 min、12 min、14 min、16 min

表4-3　木质纤维素表面镀层表面线粗糙度

时间 （min）	1	2	3	4	5	平均值
2	1.469	1.366	1.079	0.998	0.688	1.120
4	1.655	0.901	1.425	1.717	1.379	1.415
6	1.890	1.723	1.086	1.116	1.315	1.426
8	1.501	1.704	1.613	1.220	1.868	1.581
10	1.833	1.113	1.340	1.219	1.636	1.428
12	1.386	1.255	1.338	1.398	1.194	1.314
14	1.328	1.547	1.395	1.374	1.266	1.382

续　表

时间（min）	1	2	3	4	5	平均值
16	0.901	1.761	1.112	1.666	1.299	1.348
18	1.603	1.265	1.562	1.598	1.469	1.499
20	1.230	1.843	1.464	1.675	1.405	1.523

4.4.4　XRD 表征

图 4-5（a）与图 4-5（b）为不同化学镀时间木质纤维素表面镀层的 XRD 分析图。经过 30 s 化学镀后的 XRD 峰，在 $2\theta=23°$ 处有突起的衍射峰，随着化学镀时间增加，该处的衍射峰强度逐渐消失，且衍射峰在 $2\theta=45°$、$2\theta=53°$ 和 $2\theta=78°$ 处有明显变化，$2\theta=45°$ 处的衍射峰明显增强，该现象表明此时的复合镀层晶态组织有变化，复合镀层的晶型结构变强，化学镀时间从 1 min 到 10 min 镀层的衍射强度随时间增加逐渐变得窄而尖锐，表明随着化学镀时间增加晶粒粒径逐渐减小，镀层表面逐渐致密，但化学镀时间到达 10 min 时，衍射峰的强度变得窄而尖，表明此时木质纤维素表面的镀层晶粒粒径减小。通过不同化学镀时间镀层的对比，可以得出结论，化学镀时间到达 10 min 时，木质纤维素表面镀层逐渐由非晶态转为晶态，晶型结构较好。图 4-5（c）为不同搅拌速率的 XRD 衍射图，在 XRD 分析图中可以清晰地看到在 $2\theta=23°$、$2\theta=45°$、$2\theta=53°$ 和 $2\theta=78°$ 处有明显变化，慢速搅拌下结晶峰宽而低，快速搅拌时结晶峰的衍射强度变得窄而尖锐，表明搅拌速率的加快，复合镀层晶型结构增强，晶粒粒径变小，表面镀层致密性更好。

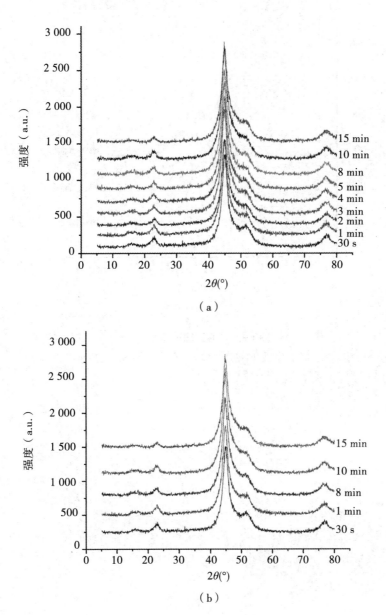

图 4-5　XRD 图

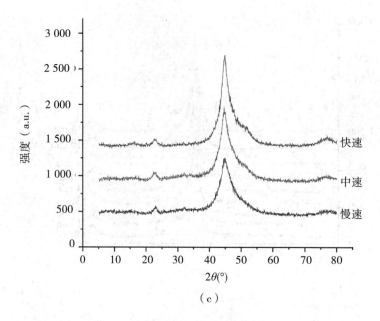

图 4-5　XRD 图（续）

（a），（b）分别为不同化学镀时间；（c）不同搅拌速率

5 微/纳米纤维素基中空材料的制备

　　镀层均匀度是鉴定镀层优良的指标，对于金属化微/纳米纤维素而言同样如此，因而为了优化金属化纤维素表面镀层，本章从三方面着手研究。首先，化学镀过程中，添加纳米粒子，纳米粒子与 Ni-P 共沉积，利用纳米粒子的特性改善镀层均匀度；其次，对基材进行多次化学镀，研究不同化学镀次数对于镀层均匀程度以及中空空腔的影响；最后，对金属化纤维素进行表征，研究其界面结合机理。

5.1　试验部分

5.1.1　试验试剂与材料

本试验所使用的试剂与材料见表 5-1。

表5-1　试验试剂与材料

名　称	型　号	厂　家
木材单板	杨木	内蒙古呼和浩特赛罕区
TiO_2（亲水）	金属基	Aladdim Industrial Corporation
SiC	粒径 40 nm	上海超威纳米科技有限公司

5.1.2　试验仪器

本试验所使用的仪器见表 5-2。

表 5-2　试验仪器

名称型号	产　地
BS110S 型电子天平	北京赛多利斯天平有限公司
PHS-2CA 型精密酸度计	上海雷磁电器厂
SM-1200D 超声波信号发生器	国华电器有限公司
FT-IR 红外光谱仪	上海精密仪器仪表有限公司
S-3400N 扫描电子显微镜	天美科学仪器有限公司
OPTEC-BK-5000 生物显微镜	上海比目仪器厂

5.1.3　微 / 纳米纤维素表面中空镀层的制备

木质纤维素作为基体材料，首先在冰浴环境下，利用 SM-1200D 超声波信号发生器分散纤维素，超声时间为 120 min，超声功率为 960 W。然后将分散好的微 / 纳米纤维素置于 A 液 (NiSO$_4$ 与 HCl) 中活化，过滤活化好的微 / 纳米纤维素，直到没有活化液滴落时再将微 / 纳米纤维素置于 B 液（NaBH$_4$ 与 NaOH）中活化。在活化的同时利用超声波分散纳米 SiC、TiO$_2$，分散时间 120 min，超声功率为 960 W。过滤 B 液中活化好的微 / 纳米纤维素，将分散好的纳米 SiC、TiO$_2$ 与镀液进行均匀混合，观察此时镀液温度，镀液温度为 60 ℃时开始调节镀液酸度值，在 60 ℃、pH=9 的条件下镀镍，15 min 后过滤金属化微 / 纳米纤维素，而后金属化微 / 纳米纤维素，连续进行第 2、第 3、第 4 次化学镀，最后，制备的固体材料于 DH-101-2S 型电热恒温鼓风干燥箱干燥 30 min，制作好试件后再利用 SEM、XRD、VSM、FT-IR 与 TEM 进行测试与表征。

5.1.4　金属化纤维素表征

1. 透射电子显微镜（TEM）

透射电子显微镜 (TEM) 可以直接观察微 / 纳米粒子形貌。试样制作程序：将金属化纤维素研磨成粉，粉末制成的悬浮液滴到带有碳膜的铜网之上，10 min 后，观察悬浮液上的载液挥发殆尽，装入电镜样品台，尽可能拍摄有代表性的照片，利用这些照片分析与探究金属 Ni 粒子与纤维素的界面结合方式。TEM 表征纳米粒子方面的作用是独特的,基于其可以提供纳米晶及其表面上原子分布的真实空间图像,适用于观察纳米粒子的粒子形貌、结构以及团聚状态。

TEM 由于其内部添加了各种表征设备,因而其不仅可以提供原子分辨率的点阵图像,而且可以在 1 nm 或更高的分辨率条件下表征样品化学信息,直观分辨单纳米晶的化学成分,利用良好聚焦的电子探针,可以完整表征单纳米粒子的结构形貌。

本研究中,纳米粒子经过超声分散于无水乙醇形成稀疏的悬浮液,量取 1 或 2 滴悬浮液滴加到喷有碳膜的铜网上,待载液无水乙醇挥发殆尽,调整 TEM(HRTEM, FEI Tecnai G20 TEM),观察样品的微观形貌。

2. 扫描电子显微镜（SEM）

将棒状样品粘上导电胶并置于测试台后,采用产自日本的 S-3400N、S-4800SEM 观察金属化纤维素的表面形貌与测定材料组成成分。

3. 磁性分析（VSM）

MPMS-XL-7 振动样品磁量计,产自美国 Quantum Design 公司,灵敏度可达 5×10^{-9} emu,磁场强度:$-2\sim+2$ T。

4. 红外分析（FT-IR）

利用无水乙醇洗涤待测样品,而后置于干燥箱进行干燥,烘干时间大约为 20 min,然后将样品压片(溴化钾),装好压片,开始测试,分析样品的官能团结构。

5. 结晶分析（XRD）

将样品置于 30~35 ℃烘箱真空干燥 8 h,而后将其研磨、压片后并进行测定,扫描角度为 20~80°,扫描速度为 3 deg/min。颗粒的晶粒尺寸用谢乐方程计算:$D=K\lambda/(\beta cos\theta)$。式中:$\lambda$ 为入射 X 射线波长 0.154 1 nm;K 为谢乐常数,取 0.89;θ 为布拉格(衍射)角;β 为衍射峰的半高峰宽(rad)。

6. 粒径分析

利用 Malvern（马尔文）Zetasizer NANO ZS 测试粒度范围:0.3 nm~0.6 um。可测 zeta 电势范围:无限制。可测样品浓度范围:0.1 ppm~40%（w/v）。

5.2　纳米粒子对 Ni-P 复合镀层的影响

为了提高化学镀后镀层表面均匀度，减小镀层粒径，从而使复合镀层的平整度、孔隙度和结晶度有一定提高，将纳米 SiC 粒子与 Ni、P 粒子共沉积，探究复合镀层的性能。

5.2.1　纳米 SiC 对 Ni-P 复合镀层粒子分散程度的影响

图 5-1（a）表明镀层有许多亮色的小颗粒，依据能谱图可得知，亮色的小颗粒是纳米 SiC（见图 5-1（d））。粒子散乱地分布于镀层表面，镀层表面粒子堆砌在一起，表面凹凸不平，起伏较大。随着镀层中纳米 SiC 含量的增加，图 5-1(b) 与图 5-1(c) 中的粒子团聚现象逐渐减弱，粒子趋向于均匀分散。图 5-1（b）相比于图 5-1（a），镀层粒子分散度有一定提高，但是镀层表面的粒子依然分散不均匀，有些粒子团聚在一起。添加纳米 SiC 浓度为 1.0 g (1.8 g/L)，镀层粒子明显分布较均匀，粒子团聚现象较少，分散度有了一定提高（见图 5-1（c））。由于纳米颗粒的加入，产生了较小的原子核，导致临界半径的减少与形核的加快，从而形成较小的颗粒[101]，而且，化学镀过程中，纳米 SiC 与 Ni、P 粒子一起共沉积到镀层表面，较小的纳米粒子诱导粒径更小的 Ni、P 粒子形成，促使粒子之间排列更加紧密。随着纳米含量增加，形核的质点也在增加，非晶态的 SiC 阻碍了 Ni、P 的位错[110]，于是形成了粒子较小的均匀镀层。

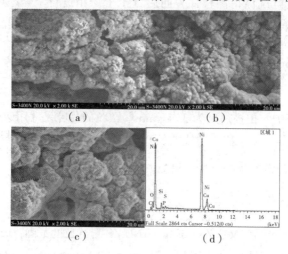

图 5-1　不同纳米 SiC 含量的镀层

（a）0.5 g 纳米 SiC；（b）1.0 g 纳米 SiC；（c）1.5 g 纳米 SiC；（d）镀层能谱图

5.2.2　纳米 SiC 对 Ni-P 复合镀层均匀度的影响

图 5-2（a）是未添加纳米 SiC 的镀层，图 5-2（b）、图 5-2（c）和图 5-2（d）依次是添加纳米含量为 0.5 g、1.0 g 和 1.5 g 的镀层。图中表明未添加纳米 SiC 的镀层的镀层表面孔隙较多，而且镀层表面凹凸不平；随着纳米 SiC 添加量的增加，镀层表面逐渐趋向平整，镀层表面孔隙数量明显减少。尤其当 SiC 的添加量为 1.0 g 时，镀层表面平整度较好，孔隙数量较少。然而，当 SiC 的量继续增加后，镀层的平整性开始降低，孔隙数量增加。根据 Guglie lmi 的吸附模型复合镀层的沉积[111]，吸附过程可以分为弱吸附、强吸附。其中，弱吸附过程是可逆的，当纳米颗粒的浓度增大到一定程度时，更大的空化效应将会导致粒子之间的排斥力较吸引力增大更快，纳米粒子与 Ni、P 粒子不能很好地一起聚沉，于是纳米粒子团聚更加容易，从而导致镀层表面变得更加不平整，孔隙较多。此外，通过表 5-3 可以知道，随着纳米 SiC 的加入，P 的含量在减少，而且 P 的含量会影响木材表面镀层的平整度与孔隙度。[112] 图 5-2 与表 5-3 证明了 P 含量的减少利于镀层的结晶度提高，非晶态转化为晶态组织后，镀层表面的平整度、孔隙度必然会提高。

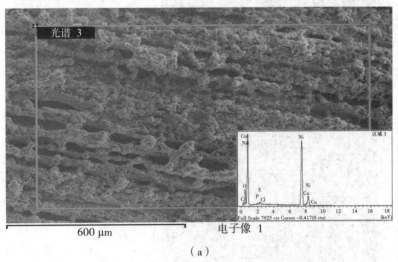

（a）

图 5-2　不同含量纳米 SiC 镀层均匀度分布图

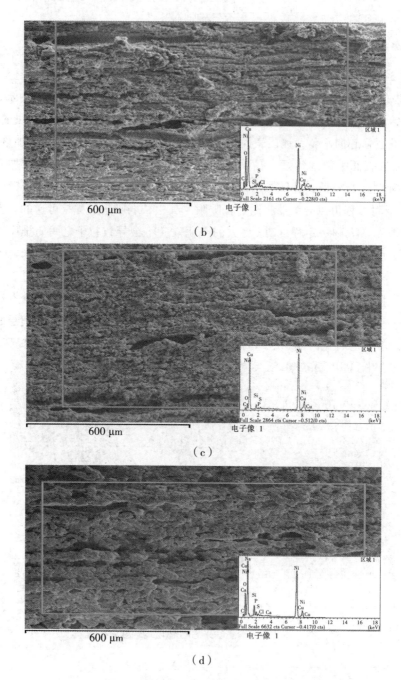

图 5-2　不同含量纳米 SiC 镀层均匀度分布图（续）

（a）未添加纳米 SiC；（b）0.5 g 纳米 SiC；（c）1.0 g 纳米 SiC；（d）1.5 g 纳米 SiC

表 5-3　镀层能谱图

镀层类型	元素组成 (wt %)		
	Ni	P	SiC
Ni–P	77.19	0.49	0
Ni–P/nano–SiC(0.5 g)	50.34	1.00	0.53
Ni–P/nano–SiC(1.0 g)	82.49	0.38	1.82
Ni–P/nano–SiC(1.5 g)	63.22	1.42	3.48

5.2.3　纳米 SiC 对金属化纤维素粒径的影响

图 5-3（a）中金属化纤维素散乱分布，粒径大小不均一，周围存在一些粒径接近 10 μm 的细小纤维素，表面镀层均匀度较差。相比较于图 5-3（a），图 5-3（b）中金属化纤维素依然散乱地分布，纤维素粒径大小不均一，有明显减小，且金属化纤维素周围粒径接近 10 μm 的细小纤维素数目有显著增加，纤维素表面镀层均匀度有明显改善。表 5-4 表明金属化纤维素表面镀层主要由 Ni 与 NiO 组成，P 的含量较少。此外，添加纳米粒子的镀层的金属化纤维素截面中空开孔孔径明显优于未添加纳米粒子的镀层，该条件制备的金属化纤维素更有利于实际应用，中空结构空腔较大且均匀。纳米 SiC 与 Ni、P 粒子一起共沉积到镀层表面，纳米粒子诱导粒径更小的 Ni，P 粒子的形成，促使粒子之间排列更加紧密，利于减小金属化纤维素粒径。

由此可见，化学镀过程中纳米粒子的添加不仅会减小金属化纤维素粒径，优化其表面镀层均匀度，更有利于制备孔径较好的中空材料。

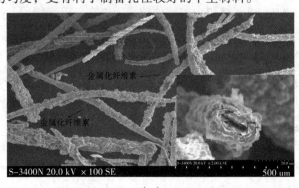

（a）

图 5-3　金属化纤维素 SEM

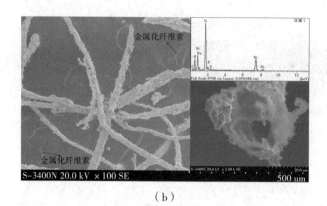

（b）

图 5-3　金属化纤维素 SEM（续）

（a）不含纳米粒子金属化纤维素，嵌入图是金属化纤维素截面图；（b）含有纳米粒子金属化纤维素，嵌入图是金属化纤维素截面图与能谱图

表 5-4　镀层能谱图

镀层类型	元素组成 (wt %)				
	Ni	P	O	Si	C
Ni-P/nano-SiC(1.0 g)	34.54	2.32	22.54	27.54	9.23

5.2.4　纳米 TiO$_2$ 对复合镀层的影响

图 5-4 是添加不同浓度纳米 TiO$_2$ 的复合镀层。图 5-4（a）表明纳米粒子浓度为 0.1 g/L 时（0.05 g），镀层中的部分粒子团聚在一起，镀层凹凸不平，起伏较大，镀层粒子分散度不是很理想；随着纳米 TiO$_2$ 粒子浓度的增加，镀层粒子粒径逐渐减小，粒子团聚明显减少，镀层趋于平整、密实（见图 5-4（b））；镀液中纳米粒子浓度为 0.6 g/L（见图 5-4（c））时，镀层粒子粒径明显减小，镀层粒子之间更加密实。对比图 5-4（a）与图 5-4（b），镀层平整度有较大提高，然而，比较图 5-4（c）与图 5-4（d），纳米粒子浓度超过 0.6 g/L 时，镀层粒子局部有团聚，镀层平整度有所降低。究其原因，是纳米 TiO$_2$ 粒子诱导致临界半径减小，形成较小的核，加速了形核，引发形成更小的微粒。[101] 此外，在化学镀过程中，纳米 TiO$_2$ 粒子、Ni 和 P 粒子共沉积到镀层中，纳米颗粒诱导形成更小粒径 Ni 和 P 粒子，这种方式使得镀层内粒子分布更紧密。纳米 TiO$_2$ 粒子浓度增加，未添加纳米粒子的镀层中粒子分布更加均匀。阻碍位错运动与粒子尺寸变小有很大关系，位错是

一种缺陷，缺陷减少会改善镀层的晶型结构，粒子尺寸必然减小。[110]

基于图 5-1 与图 5-4 的对比，不同基材表面化学镀过程中添加纳米粒子，其镀层粒子粒径变化有明显区别。纳米粒子的添加对纤维状材料表面镀层粒子粒径变化的影响较为明显，可能的原因是基材表面积的不同会影响晶态组织的生长路径。

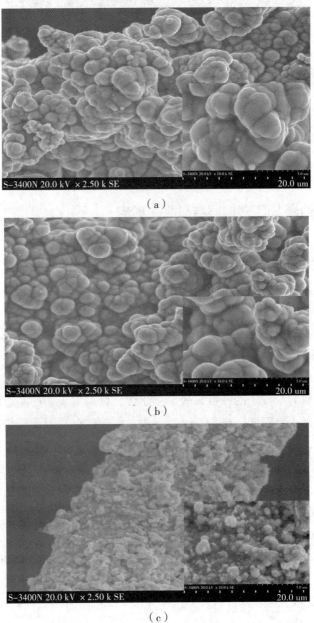

（a）

（b）

（c）

图 5-4　不同浓度纳米粒子复合镀层 SEM

（d）

图 5-4　不同浓度纳米粒子复合镀层 SEM（续）

（a）0.1 g/L；（b）0.3 g/L；（c）0.6 g/L；（d）0.9 g/L

5.2.5　纳米 SiC 对镀层结晶度的影响

图 5-5 是金属化纤维素 XRD。图中曲线 1 表明经过超声处理且未进行化学镀 Ni 的纤维素表面衍射峰强度较弱，晶态组织较少；图中曲线 2 表明经过超声处理且经过化学镀 Ni 的纤维素表面衍射峰强度明显增加。晶态组织同样明显增加，曲线 2 中（111）、（220）与（200）晶面指标处的衍射峰均为 Ni 衍射峰，这一方面可以进一步验证金属化纤维素表面 Ni 粒子的存在，另一方面可以说明进行化学镀 Ni 的纤维素表面晶态组织得到了提高，为今后材料表面晶态组织的提高提供了新的方法与途径。同时，我们也可以发现金属化不会改变纤维素表面固有晶态结构。曲线 3 表明添加纳米粒子的纤维素表面化学镀，纤维素表面的晶态较未添加纳米粒子的化学镀有一定程度提高，（111）、（220）与（200）晶面处衍射峰强度明显变得更加尖锐，衍射峰变得更宽，表明添加纳米 SiC 不会改变纤维素表面的晶态结构组成，同时纳米 SiC 可以细化晶粒；当 $2\theta=30°$ 及 $2\theta=48°$ 时，纤维素自身的衍射峰消失了，表明此处的晶态组织已完全被金属层所覆盖。因此，我们可以得出结论：纤维素表面可以形成包覆程度较好的金属层，化学镀过程中添加纳米 SiC 粒子有利于镀层性能的改善。

利用 Jade.5 软件对 XRD 图谱进行平滑与寻峰，计算 XRD 图谱积分宽度值，依据谢乐方程求得不同条件下镀层的晶粒尺寸。表 5-5 表明纤维素金属化过程中添加纳米粒子会细化晶粒尺寸，尺寸范围介于 13.6~20.1 nm 之间。

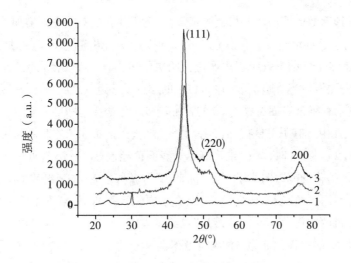

图 5-5　金属化纤维素 XRD

1——超声处理纤维素，P=960 W, t=240 min；2——超声处理且化学镀未添加纳米粒子；
3——超声处理且化学镀添加纳米粒子

表 5-5　金属化纤维素XRD图谱积分宽度值与（111）处的晶粒大小

类型	积分宽度值	粒径（Å）
超声纤维素	0.438	201
金属化未添加纳米粒子	0.406	219
金属化添加纳米粒子	0.643	136

5.3　多次化学镀对微／纳米纤维素基中空镀层的影响研究

一般而言，中空材料具有独特的拓扑结构以及完好的外观形貌，譬如较大的比表面积以及内部空间。为了在微／纳米纤维素纤丝表面简便可控地获得均匀的中空金属镀层，探究影响中空空腔孔径的因素，本研究对微／纳米纤维素表面进行了多次化学镀 Ni-P。

5.3.1　金属化纤维素宏观形貌分析

图 5-6（a）呈现出少量棒状金属化微／纳米纤维素，局部微／纳米纤维素团聚在

一起。随着化学镀次数的增加，棒状金属化微／纳米纤维素的数量逐渐增加，而且棒状粒子的颜色由灰色逐渐转变为深灰色（见图 5-6（b）～图 5-6（d））。对比图 5-6（a）～图 5-6（d），微／纳米纤维素表面进行两次化学镀时，棒状金属化微／纳米纤维素的数量较多，棒状金属细而长，棒状粒子的颜色最接近 Ni 粒子的固有颜色，此状态下的微／纳米纤维素表面沉积的 Ni 的含量较多。化学镀也称自催化镀，金属的催化活性在化学镀中具有不可替代的作用。[102]金属离子的沉积依靠基体和沉积层的催化来进行，第 2 次镀 Ni 时，微／纳米纤维素表面已经包覆了一层金属 Ni，因而较第 1 次镀 Ni 基体催化的能力明显增强。自催化能力提高，微／纳米纤维素表面的 Ni 含量也会提高，然而，微／纳米纤维素表面经过多次化学镀 Ni 后，Ni 含量反而会下降，可能的原因是经过两次化学镀 Ni，微／纳米纤维素表面已经形成了较均匀的镀层，均匀的镀层会加快 Ni 的自催化能力，Ni 粒子沉积速度会加快，于是微／纳米纤维素表面形成的镀层就不会很密实，甚至有些 Ni 金属会形成絮状物团聚在一起，最终脱落纤维素表面。因而，获得理想棒状金属化微／纳米纤维素的最佳化学镀次数是两次。

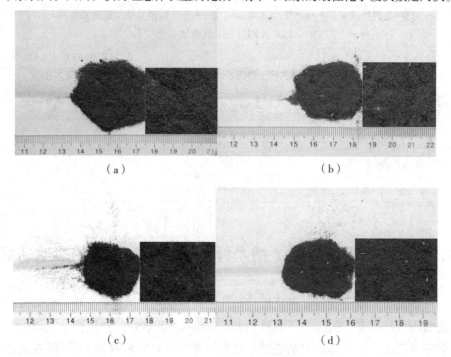

（a）　　　　　　　　　　　　　　（b）

（c）　　　　　　　　　　　　　　（d）

图 5-6　金属化微／纳米纤维素光学图（单位：cm）

（a）镀一次；（b）镀二次；（c）镀三次；（d）镀四次

表 5-6 镀层能谱图

镀层类型	元素组成（wt%）		
	Ni	C	P
第一次化学镀 Ni-P	73.35	5.05	3.89
第二次化学镀 Ni-P	82.91	3.95	6.23
第三次化学镀 Ni-P	75.21	7.47	10.53
第四次化学镀 Ni-P	80.82	10.07	4.92

5.3.2 金属化纤维素表面微观形貌分析（SEM）

图 5-7（a）呈现出细长的棒状金属，其表面有部分粒子团聚在一起；图 5-7（b）中，微/纳米纤维素表面形成了一层较均匀的金属层，较好地合成出棒状金属材料，镍粒子之间形成较均匀的镀层，细小的 Ni 粒子紧密地结合在一起，纤维素表面粒子分散均匀度有明显的提高，团聚现象明显减少；图 5-7（c）与 5-7（d）中微/纳米纤维素表面沉积了不均匀的金属镀层，Ni 粒子之间发生严重的团聚，镍粒子的粒径变得更大。由 SEM 分析结果可知，微/纳米纤维素表面形成较均匀镀层只需进行两次化学镀，超过两次的化学镀不仅不会提高镀层的均匀度，同时还会诱发粒径更大的 Ni 粒子的形成，影响纤维素表面均匀镀层的沉积。究其原因，是 Ni 在自催化过程中，Ni 粒子的沉积速度决定着镀层好坏与沉积粒子粒径大小。晶体生成的一般过程是先生成晶核，而后再逐渐长大。微/纳米纤维素表面进行第 1 次、第 2 次化学镀 Ni 时，Ni 粒子的沉积速度以及镍粒子晶核长大的速度处于可控速率，因而镀层均匀且粒子粒径细小，然而，当其表面进行第 3 次、第 4 次镀镍时，纤维素表面已有的均匀镀层是理想的催化剂，Ni 的自催化速率被极大提高，Ni 粒子的沉积速度以及镍粒子晶核长大的速度超过可控速率，因而，沉积的 Ni 粒子形核速率加快，造成沉积的 Ni 粒子粒径较大且镀层的均匀度较差。可见，当微/纳米纤维素表面进行两次化学镀时，其表面形成的镀层均匀度较好，粒子粒径较小。

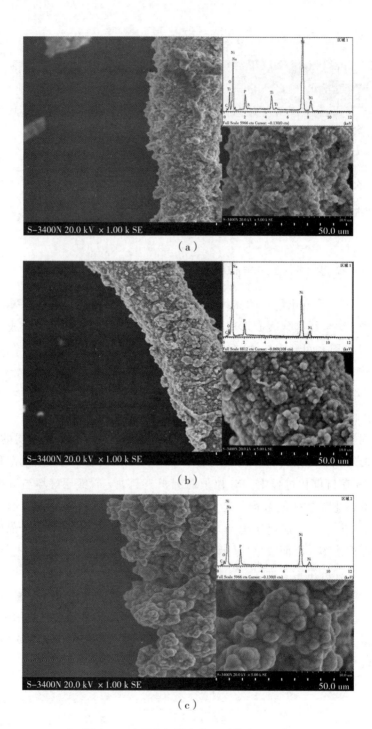

图 5-7　金属化纤维素表面形貌（SEM）

图 5-7　金属化纤维素表面形貌（SEM）（续）

（a）镀1次；（b）镀2次；（c）镀3次；（d）镀4次

5.3.3　多次化学镀 Ni-P 对中空空腔的影响

图 5-8（a）呈现出棒状中空结构，金属层包覆着纤维素，金属层的厚度明显低于纤维素自身厚度，同时，中空结构的内腔不是很均匀；图 5-8（b）呈现出镀层较均匀的棒状中空结构，纤维素的结构已经消失，中空结构的内腔较均匀而且内腔的金属成分分布较均匀；图 5-8（c）表明中空镀层均匀性较差而且中空结构的内腔直径也很小，内腔不均匀，中空镀层连续性较差；图 5-8（d）表明中空结构不是很好，内腔较小，只有一些 Ni 粒子散乱堆砌在一起，粒子之间团聚明显。究其原因，是化学镀反应速率直接影响着中空结构的好坏。化学镀次数超过两次时，微 / 纳米纤维素表面聚集太多金属 Ni，Ni 的自催化反应会加快，Ni 粒子迅速聚集，同时，反应生成大量热，使得生成的 H_2 迅速逸出，造成中空结构内外壁孔隙、空洞较多，不利于中空结构形成。反应速率太快不利于反应的控制，更不利于中空材料制备。由以上分析可知，获得表面镀层均匀、内腔较好的中空金属材料仅需对纤维素表面进行两次化学镀。

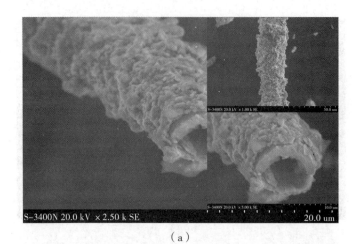

（a）

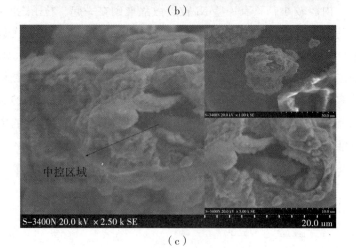

（b）

（c）

图 5-8　金属化纤维素镀层形貌（SEM）

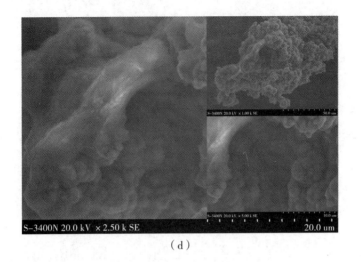

（d）

图 5-8　金属化纤维素镀层形貌（SEM）（续）

（a）镀 1 次；（b）镀 2 次；（c）镀 3 次；（d）镀 4 次

5.3.4　多次化学镀 Ni-P 对镀层结晶度的影响

图 5-9（a）是纤维素经过不同处理条件下的 XRD，曲线 1 是纤维素经过超声处理但未化学镀，其表面呈现很多结晶峰，进一步证明了经过超声处理后的微／纳米纤维素呈现出更好的晶态结构。随着化学镀次数增加，微／纳米纤维素表面固有的结晶峰强度逐渐减弱，微／纳米纤维素表面的金属 Ni 结晶峰强度逐渐增强，特别是（111）、（220）晶面处衍射峰强度变化较为明显，表明微／纳米纤维素表面金属结晶组织逐渐增加，具体如图 5-9（b）所示。然而，经过两次化学镀后，微／纳米纤维素表面的结晶峰强度不但峰高增加，而且衍射峰的半峰宽也增加，此时，镀层晶粒粒径逐渐增大，具体如表 5-7 所示。依据 Ni 面心立方卡片(PDF: 65-2865)[113]，晶粒大小介于 10.6~46.8 nm。同时，微／纳米纤维素表面的固有结晶峰强度已经接近消失，$2\theta=22.5°$ 处微／纳米纤维素的结晶峰接近消失，具体如图 5-9（c）所示。这些充分说明多次化学镀会增加微／纳米纤维素表面的结晶组织，诱发晶粒增加，但不会改变晶态结构固有性能。此外，经过两次的化学镀，微／纳米纤维素表面在 $2\theta=22.5°$ 处的衍射峰以及其他衍射峰的消失表明微／纳米纤维素表面已经形成一层均匀的金属层。同时，XRD 分析验证了 Tarozaite[114]低磷含量镀层具有较大晶粒。依据谢乐方程 (见式 5-1) 分析计算的晶粒尺寸进一步说明了金属化纤维素 SEM 结果的正确性。

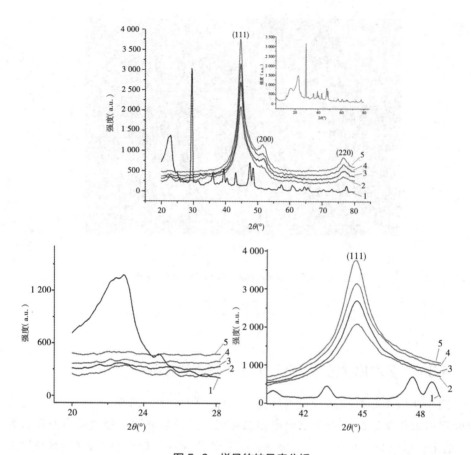

图 5-9　样品的结晶度分析

（a）1 为经过超声处理未化学镀的微 / 纳米纤维素，P=960 W，t=180 min，2~5 依次是经过超声处理且镀 1 次、2 次、3 次、4 次的微 / 纳米纤维素；（b）为（a）图局部放大，纤维素衍射峰；（c）为（a）图局部放大，嵌入图是超声处理纤维素 XRD 图，Ni（111）晶面衍射峰

$$L = \frac{K\lambda}{\beta\cos\theta} \tag{5-1}$$

其中，K 为常数；L 为晶粒垂直于晶面方向的平均厚度；B 为实测样品衍射峰半高宽度；θ 为衍射角（γ 为 X 射线波长）。

表 5-7　金属化纤维素XRD图谱积分宽度值与（111）处的晶粒大小

化学镀次数	积分宽度值	粒径（Å）
镀一次	0.822	106

化学镀次数	积分宽度值	粒径（Å）
镀二次	0.528	166
镀三次	0.484	181
镀四次	0.209	468

5.3.5 多次化学镀 Ni-P 对镀层磁性强度的影响

图 5-10 是不同处理条件下金属化纤维素磁化强度与矫顽力曲线，曲线 1 与

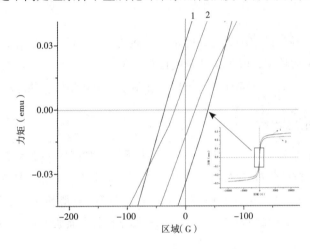

图 5-10 金属化微／纳米纤维素复合镀层磁性比较

1——镀 1 次；2——镀两次

2 表明金属化纤维素依然保持着金属镍的顺磁性（软磁特性），矫顽力和剩磁都很小；曲线 2 表明磁化强度有一定程度减弱，磁场强度增大了，剩磁与矫顽力相比曲线 1 有明显减小，此现象表明合理的化学镀次数增加会使镀层矫顽力和剩磁减小，具体如表 5-8 所示，进一步证明多次化学镀 Ni-P 的金属化微／纳米纤维素颗粒具有优良的磁性能。研究表明，许多因素会影响镀层矫顽力，如镀层的晶粒大小、成分、厚度以及应力等。一般而言，材料具备细小晶粒会呈现出硬磁特性，反之，材料呈软磁特性。[115] 研究者曾利用细化晶粒的方法来增强永磁材料 (Nb-Fe-B) 的磁性能 [116-117], 由于随着晶粒尺寸的减小，特别是晶粒大小逼近单畴颗粒大小时，畴壁得到了最大限度的利用，Hc（矫顽力）会出现峰值。然而，对于制备

软磁材料，应尽可能制备粗大晶粒，以获得较低的 Hc。近年来，超细纳米晶材料出现，该种材料具有较好的软磁特性。研究表明，晶粒尺寸小于单畴颗粒尺寸时，畴壁同样得不到充分利用，从而使材料 Hc 降低。[118-119]

表 5-8 金属化纤维素磁化强度与矫顽力（Weight=30.8 mg）

化学镀次数	磁性参数	
	Ms（emu/g）	Hc（Oe）
镀一次	9.08	6.85
镀二次	38	21

本研究中，较高的饱和磁化强度是由于镀层粒子粒径较大的缘故，原因是粒径越小，表面原子数越多，就越容易造成自旋无序；一定范围内，晶粒尺寸减小会导致矫顽力的减小。此外，XRD 分析结果也证明了两次化学镀会使晶粒尺寸增加。

5.3.6　粒径分析

针对合成的金属化纤维素进行了粒度分析测试，如图 5-11 所示。本研究制备的金属化纤维素的粒径分布较窄，粒度均一，平均粒径约为 20 nm，其粒径大小与 TEM 中分析的结果一致，并且与由 Debye-Scherrer 公式所计算得到的粒径大小大致相同。该分析结果进一步表明微/纳米纤维素表面金属化，其表面粒子粒径可控。

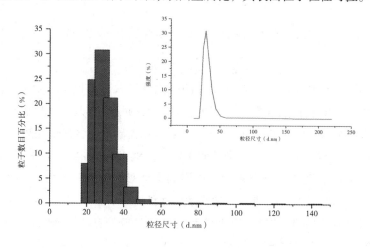

图 5-11　金属化微/纳米纤维素粒径分布（镀两次）

5.4 纤维素表面金属镀层界面结合机理

5.4.1 FT-IR分析

FT-IR分析如图 5-12 所示。

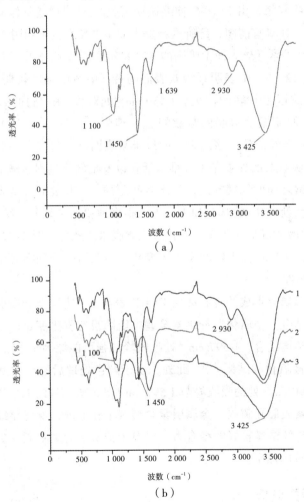

图 5-12　纤维素 FT-IR

（a）纤维素经过超声处理，处理条件为 960 W，180 min，2 g/L；（b）曲线 1 为纤维素经过超声处理，
曲线 2 为未处理金属化纤维素，曲线 3 为经过研磨金属化纤维素

图 5-12（a）是经过 960 W，120 min 条件下超声处理的纤维素 FT-IR，图 5-12（b）中曲线 2 的金属化纤维素未研磨，曲线 3 是金属化纤维素研磨成粉末后表征后的 FT-IR。图 5-12（a）表明纤维素在 3 421cm⁻¹ 处存在明显的 –OH 特征吸收峰；1 631 cm⁻¹ 处的吸收峰是由吸水峰伸缩振动引起的；2 906 cm⁻¹ 处的吸收峰是由饱和 C–H 伸缩振动引起的；在 1 000~1 250 cm⁻¹ 处的指纹区是纤维素的特征吸收峰，在 1 058 cm⁻¹、1 100 cm⁻¹ 以及 1 160 cm⁻¹ 处分别是 C–O 键、氢键以及反对称 C–O–C 伸缩峰[120]；1 430 cm⁻¹ 处的吸收峰是由对称 CH_2 弯曲振动引起的；877cm⁻¹ 处的吸收峰是由 C–O–C 伸缩振动引起的。[121] 由于纤维素纤丝表面含有丰富的 C=O、–OH 等官能团，纤维素纤丝表面呈电负性，可吸附 Ni^{2+}。在 Ni 的自催化条件下，纤维素纤丝表面上吸附的 Ni^{2+} 易被还原成 Ni 金属单质，同时反应会放出 H_2。图 5-12（b）中表明纤维素表面的特征吸收峰强度较弱，几近消失，特别是纤维素指纹区吸收峰的消失。1 430 cm⁻¹ 处对称 CH_2 弯曲振动以及 2 906 cm⁻¹ 处饱和 C–H 伸缩振动引起的吸收峰已经消失；1 058 cm⁻¹、1 160 cm⁻¹ 以及 877 cm⁻¹ 处吸收峰已经消失，该结果表明纤维素表面已经包覆了一层均匀的金属层。1110 cm⁻¹ 处吸收峰的加强是由纤维素活化以及金属化过程中碱溶液作用于纤维素表面，纤维素之间的氢键断裂，纤维素间距加大，其表面羟基裸露出来造成的[121]，3 421 cm⁻¹ 处 –OH 的减弱却未消失，很好地验证了该分析结果的正确性。1 631 cm⁻¹ 处的水吸收峰加强源于金属化纤维素吸水。此外，图 5-12（b）中曲线 3 在 3 421 cm⁻¹ 处 –OH 特征吸收峰发生了变化，表明研磨处理会对金属镀层的完整性有一定的破坏性。

纤维素表面金属化形成的复合镀层 FT-IR 表明：一方面，金属层与纤维素的结合方式是物理结合，金属化后纤维素某些官能团没有发生变化；另一方面，表明局部结合有化学键结合，1 597 cm⁻¹ 处吸收峰加强可能原因是 Ni 自催化反应过程中某些官能团被氧化的结果[122]。此外，由于超声处理后的纤维素表面含有许多孔隙结构，1 390 cm⁻¹ 处的吸收峰与 1 597 cm⁻¹ 处的吸收峰的加强表明金属粒子已经进入了纤维素表面孔隙内，金属层紧紧镶嵌于孔隙内，最终导致此处的吸收峰加强。金属层与纤维素较好的结合力主要源于金属层的黏附能，黏附能等于由 Ni^{2+} 转化为 Ni 释放的热量。

5.4.2 XRD 分析

图 5-13 是纤维素经过金属化后的 XRD 图谱，对比金属镍的 XRD，可以明显发现 Ni(111) 处的衍射峰变得宽而尖锐，表明该处的晶态结构增加；镍（200）处的衍射峰已经消失，镍（220）处的衍射峰强度较弱，表明金属化会促使该处的

晶粒逐渐增大，具体如表 5-9 所示，镀层中 P 的含量会增加镀层晶粒大小。究其原因，依据镀层不同 P 含量可以将镀层分为低 P、中 P、高 P 三类[123]。低 P 镀层的 P 含量仅为 1%~4%（质量分数），而中磷、高磷镀层的 P 含量分别为 4%~7%、7%~11%。

表5-9　金属化纤维素XRD图谱积分宽度值与（111）处的晶粒大小

类型	积分宽度值 β(rad)	粒径 C(Å)
化学镀 Ni 镀层	1.035	84
化学镀 Ni 低 P 镀层	0.840	103
化学镀 Ni 高 P 镀层	0.405	219

注：上述化学镀都经过 1 次化学镀 Ni；低 P：3.89%；高 P：7.61%

图 5-13（a）与图 5-13（b）表明纤维素表面金属化后，其 XRD 图谱中没有出现新的衍射峰，仅有 Ni 金属衍射峰。分析结果证明了纤维素金属化复合镀层界面处没有新的晶态结构形成。

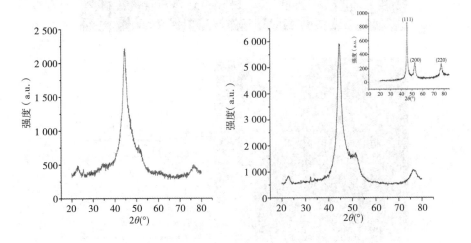

图 5-13　金属化纤维素 XRD

（a）低 P 镀层；（b）高 P 镀层（嵌入图是纯镍 XRD）

5.4.3　SEM 分析

图 5-14 是金属化纤维素界面图。图中表明亮色区域围成一个空腔，亮色区

域周围有暗色部分与之镶嵌，空腔内部有暗色片状物质散乱分布，如图 5-14 所示。图 5-14（b）中嵌入能谱表明亮色的部分是金属 Ni，具体如表 5-10 所示，暗色的部分是纤维素与金属 Ni、NiO 的混合物。纤维素金属化过程中，可以看到金属 Ni 不仅均匀附着于纤维素表面，还均匀填充于轴向薄壁细胞和胞间层等小孔隙中，进而形成均匀、致密的开孔空腔。金属化纤维素界面 SEM 表明，纤维素表面金属化，Ni 与纤维素紧密结合形成镀层均匀空腔，Ni 进入纤维素孔隙进行形核与长大，形成较好的结合力，金属 Ni 与纤维素中有机官能团之间可能存在某种化学键的结合。

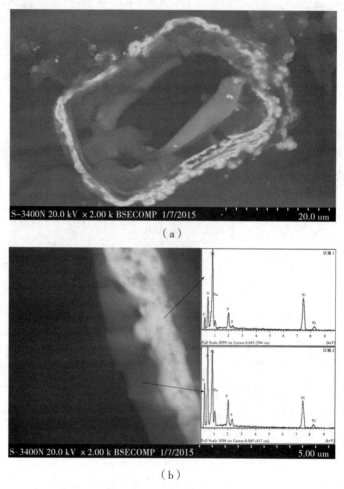

（a）

（b）

图 5-14　金属化纤维素界面

（a）纤维素纵截面；（b）是（a）中红色区域放大部分，嵌入图是能谱图

表 5-10　能谱图分析结果

镀层区域	元素组成（wt %）			
	Ni	P	O	C
亮色区域	45.59	4.88	25.06	18.13
暗色区域	21.04	4.04	39.98	29.51

5.4.4　TEM 分析

图 5-15 是纤维素金属化前后的 TEM。图 5-15（a）表明纤维素存在有序区域与无序区域，有序区域与无序区域存在明显的晶带生长方向。图 5-15（b）表明纤维素无序区域中存在的晶格条纹像的取向不均匀，说明粒子的结构层分布不均匀。[124] 纳米粒子光栅分布于不同方向，表明中空金属化纤维素由纳米晶粒组成。[125] 纳米粒子光栅间距为 0.2 nm，表明该处纳米粒子有晶面坐标（111）处金属 Ni 的存在。高分辨像显示金属 Ni 相是由纳米晶构成的，晶粒尺寸在 3~10 nm 之间。纤维素无序区域存在金属 Ni 相验证了金属化纤维素孔隙中有金属粒子的存在、金属粒子的生长过程、金属粒子于纤维素孔隙中形核与长大以及金属粒子逐渐于纤维素表面生长形成的机理。此外，金属化纤维素 TEM 分析结果表明纤维素与金属层界面结合处主要为物理结合。

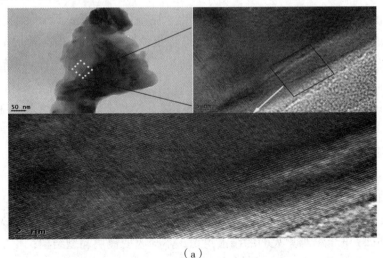

（a）

图 5-15　金属化纤维素 TEM

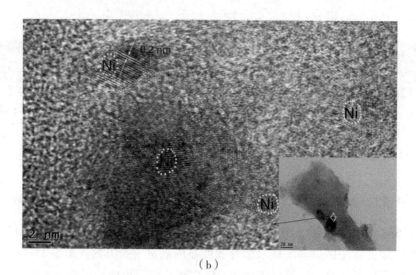

（b）

图 5-15　金属化纤维素 TEM（续）

（a）超声纤维素 TEM 高分辨图，嵌入纤维素 TEM 与高分辨图；（b）金属化纤维 TEM 高分辨图，嵌入金属化纤维素 TEM

5.5　小结

（1）纳米 SiC 浓度为 1.0 g(1.8 g/L)，化学镀制备的镀层表面平整度较好，孔隙度较少，镀层粒子分散均匀。镀层中 P 含量的减少有利于提高镀层平整度与孔隙度。化学镀过程中添加纳米粒子会细化镀层晶粒尺寸，粒子尺寸范围介于13.6~20.1 nm。

（2）微/纳米纤维素表面进行两次化学镀，棒状金属化微/纳米纤维素的数量最多，棒状金属细而长，棒状粒子的颜色接近 Ni 粒子的固有颜色，镀层中的 Ni 含量最高，表面镀层较为均匀，镀层粒子较小；经过 4 次化学镀后，微/纳米纤维素分散程度最佳；微/纳米纤维素表面进行两次化学镀为最佳次数，此时，中空结构的内腔较均匀，内腔的金属成分分布也较均匀。

（3）化学镀技术可以制备出表面均匀的磁性中空金属结构，超过两次化学镀只会增加微/纳米纤维素表面的结晶组织，不会改变镀层晶型结构；化学镀可以有效调控镀层粒子粒径，粒子粒径范围为 10.6~46.8 nm。该方法制备的金属化纤维素的粒径分布较窄，粒度均一，平均粒径约为 20 nm。

（4）基于纤维素表面金属化形成的复合镀层表征结果表明：一方面，金属层与纤维素的结合方式是物理结合，金属化后，纤维素中的某些官能团依然存在；另一方面表明，局部结合有化学键结合，1 597 cm^{-1} 处的吸收峰加强。此外，1 430 cm^{-1} 处对称 CH_2 弯曲振动以及 2 906 cm^{-1} 处饱和 C–H 伸缩振动引起的吸收峰已经消失；1 058 cm^{-1}、1 160 cm^{-1} 以及 877 cm^{-1} 处吸收峰已经消失，该结果表明纤维素表面已经包覆了一层均匀的金属层。

6 微/纳米纤维素基磁性中空材料的合成

磁性中空结构具有独特的拓扑结构及性质。比如，较大的比表面积、低密度、大的内部空间、良好的稳定性及渗透性等特性。[27-29] 在外来磁场作用下，具备优异磁性的中空结构材料可以快速分离且可以沿着磁场方向做定向移动，这些特点使其在诸多领域受到越来越多的关注，如生物医学、磁性分离以及靶向给药。[96-99,126] 微/纳米级中空结构材料是一类具有一维或零维尺寸的功能纳米材料，具备二级空腔结构、中空单通道或中空多通道结构，譬如，中空纳米纤维、纳米管以及中空微球等，它们的结构尺寸介于 10 nm~10 μm。该级别中空材料是纳米科学技术中非常重要的材料。[42,127-128] 随着现代科技的迅猛发展，基于众多研究文献报道，有很多种化学、物理化学方法来制备中空结构的材料，如模板法、乳液法、喷雾干燥法、聚合法以及超声波辐射法。基于上述方法合成的微/纳米中空材料，研究者成功地制备了许多具备应用价值的中空材料，并广泛应用于各种研究领域。[36-40,129-130]

然而，这些制备方法也暴露出了许多问题，如用热烧结或者化学方法不但模板复杂且耗能高。[131] 用物理方法如粉碎法和机器研磨法制备获得的产品纯度不高，颗粒分布不均匀，且对合成仪器设备的精密性要求较高[132]，以上因素极大地影响中空材料的有效制备及其实用价值。因而，寻求一种更加简便可控的制备方法是各研究团队长期以来关注的焦点。此外，很少有相关文献报道基于微/纳米纤维素化学镀 Ni-P 制备磁性中空材料。[26]

本研究开发了一种简单的方法来制备磁性中空材料，通过 2 次化学镀技术并基于微/纳米纤维素合成棒状磁性中空材料。本章对金属化微/纳米纤维素表面进行了分析与表征，探究了磁性中空金属镀层的形成机理。

6.1 试验部分

6.1.1 材料、试剂

试剂如表4-1所示，硫酸铜（分析纯），二氧化钛。

6.1.2 仪器

PL-G500L汞灯光源，TU-1901双光束紫外可见分光光度计。

6.1.3 微／纳米纤维素表面磁性中空镀层的制备

称取0.6 g木质纤维素并缓慢加到装有300 mL蒸馏水的烧杯内，搅拌均匀。冰浴环境下，利用SM-1200D超声波信号发生器分散纤维素，超声时间为180 min，超声功率为960 W。然后将分散好的微／纳米纤维素置于活化液A液（硫酸镍与盐酸）中活化，活化时间为15 min。过滤活化好的微／纳米纤维素，直到没有活化液滴落时再将微／纳米纤维素纤丝置于B液（硼氢化钠与氢氧化钠）中活化，活化时间90为s。过滤B液中活化好的微／纳米纤维素，此时调节镀液酸度值，在60 ℃、pH=9的条件下化学镀Ni，15 min后过滤金属化微／纳米纤维素。金属化微／纳米纤维素进行两次化学镀后放置于DH-101-2S型电热恒温鼓风干燥箱干燥30 min，制作好试件后保存。重复上述实验，选出最佳的一组进行测试与分析。磁性中空材料制备示意图见图6-1。

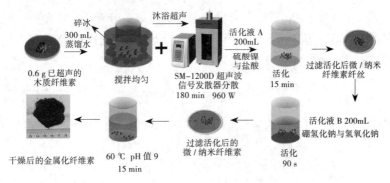

图6-1 磁性中空材料制备示意图

6.2 结构与性能表征

6.2.1 SEM(scanning electron microscope) 分析

将棒状样品粘上导电胶并置于测试台后，采用日本 S–3400N、S–4800SEM 观察金属化纤维素的表面形貌与组成成分。

6.2.2 BMS(biological microscope) 分析

将样品置于装有蒸馏水的烧杯内，搅拌均匀后利用胶头滴管取出溶液滴到载玻片上，调节奥特 BK5000TR 生物显微镜进行观察，探究超声处理后纤维素表面形貌。

6.2.3 磁性分析

美国 Quantum Design 公司的振动样品磁强计的灵敏度可达 5×10^{-9} emu，磁场强度为 – 2~+2 T。

6.2.4 TEM(transmission electron microscope) 分析

试样用 FEI Tecnai G20 TEM 观察金属化纤维素的分散和界面结合情况。

6.2.5 TGA(thermogravimetric analysis) 分析

在美国 TA 公司 Q600 型热重分析仪上测试热失重分析，测试条件：氮气氛围，升温速率 10 K/min，温度范围 20~800 ℃。测试后分析数据，计算中空金属镀层中纤维素所占比重。失重比计算公式如下：

$$W = \frac{(m_0 - m_1)}{m_0} 100\% \tag{6-1}$$

式中，W 表示金属化纤维素失重比；m_0 表示初始质量；m_1 表示加热失重后的质量。

6.3 结果与讨论

6.3.1 形貌分析

纤维素形貌如图 6-2 所示。

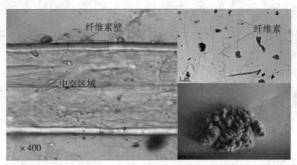

（a）

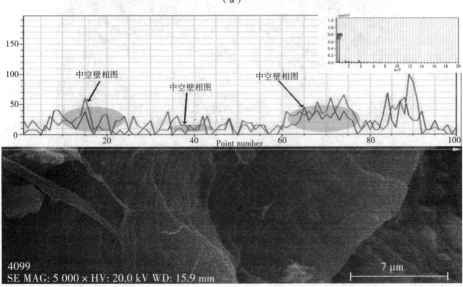

（b）

图 6-2 纤维素形貌

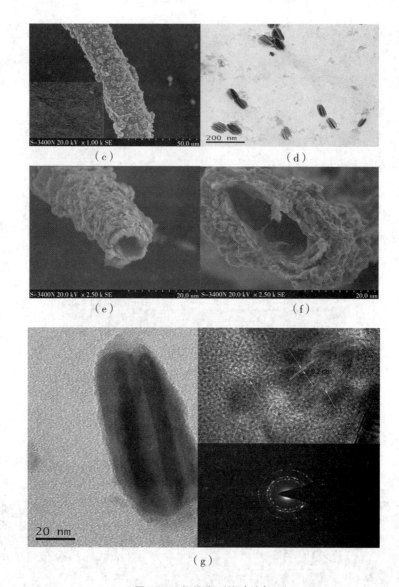

图6-2　纤维素形貌（续）

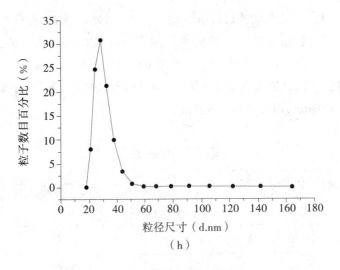

（h）

图6-2　纤维素形貌（续）

（a）超声处理后纤维素显微镜图×400，嵌入纤维素TEM与未处理纤维素；（b）纤维素截面图，
嵌入能谱与元素分布图；（c）金属化纤维素SEM，嵌入其数码相机照片；（d）金属化纤维素
TEM；（e）经过1次化学镀SEM；（f）经过2次化学镀SEM；（g）金属化纤维素TEM，嵌入
电子衍射与高分辨图；（h）粒径分布

　　图6-2是纤维素化学镀前、后形貌。图6-2（a）表明经过超声处理的纤维素
是中空结构，微/纳米纤维素的结构是两侧为薄壁状组织，中间为透明组织，纤
维素粒径为微纳米级，未经处理纤维素有明显团聚。图6-2（b）为纤维素纵截面
图依然可以观察到中空腔，其主要成分是C、O元素，中空腔两侧的C、O元素峰
明显高于中空腔处的峰，结果表明纤维素中空结构的存在。如图6-2（c）所示，
金属化纤维素依然是棒状结构，纤维素分散程度较好。图6-2（d）中分布着一些
长度均匀，大约100 nm的棒状颗粒，表明金属化纤维素主要为棒状形貌，粒径为
微/纳米级。图6-2（e）中中空纤维素内表面不是很均匀，内壁有纤维素附着，
外表面包覆着致密金属层。图6-2（f）中中空纤维素内表面较均匀，内壁几乎没
有纤维素附着，外表面包覆了金属层，纳米棒状颗粒的边缘和中心部分具有明显
的明暗对比，表明该复合材料呈中空结构。如图6-2（g）所示，中空结构边缘存
在一些Ni的氧化物，此外，纤维素表面出现了中空腔，中空腔约10 nm，而且选
定区域电子衍射（SAED）图谱表明，镍纳米颗粒是多晶态；另外，高分辨图中晶
格点阵方向各不相同，表明金属化纤维素由纳米晶粒组成，具有代表性纳米颗粒
表面的晶格间距测量值是0.20 nm，这进一步证明镀层表面主要由（111）晶面处

晶粒组成且（111）晶面处的镍粒子是纳米级别。图 6-2（h）表明本研究制备的金属化纤维素的粒径分布较窄，粒度均一，平均粒径约为 20 nm（见表 6-1），其粒径大小与 TEM 中得到的结果一致。上述结果表明纤维素经过超声处理后会形成中空薄壁结构，金属化使纤维素形成了内壁均匀的棒状中空金属层，中空镀层空腔尺寸介于 10 nm~10 μm，粒径为微 / 纳米级。

表 6-1　粒径分布

粒径 (d.nm)	分布比例 (%)
21.04	8.00
24.36	24.80
28.21	30.80
32.67	21.20
37.84	9.90
43.82	3.30

6.3.2　中空镀层纵截面形貌及其成分分析

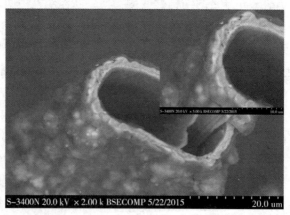

（a）

图 6-3　中空镀层纵截面形貌及其成分分析

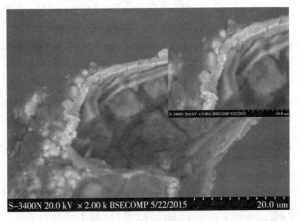

（b）

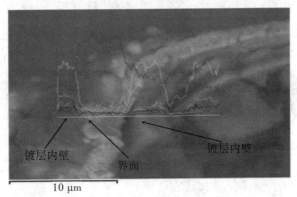

镀层内壁   界面   镀层内壁

10 μm

（c）

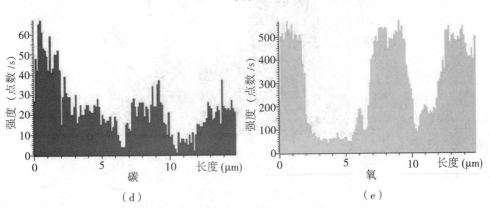

（d） 碳

（e） 氧

图6-3 中空镀层纵截面形貌及其成分分析（续）

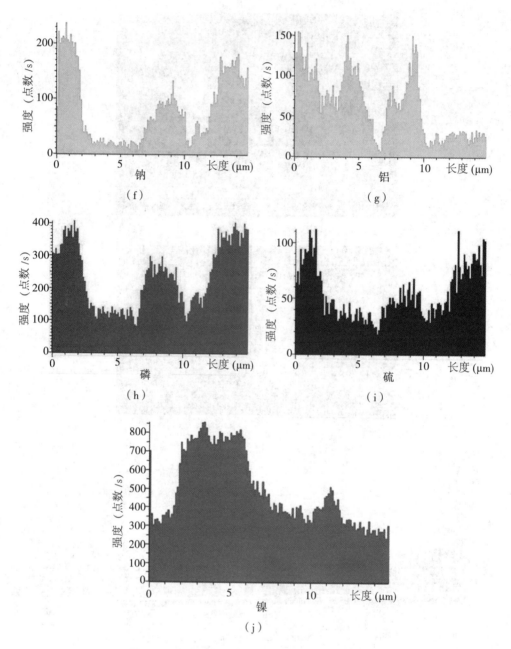

图 6-3 中空镀层纵截面形貌及其成分分析（续）

（a）均匀中空镀层内壁，嵌入图片是放大倍数更大的内壁图；（b）不均匀中空镀层内壁，嵌入图片是放大倍数更大的内壁图；（c）中空镀层界面成分分析；（d）~（j）依次为中空纤维素成分 C、O、Na、Al、P、S、Ni 元素分布图

图 6-3 是中空镀层纵截面形貌及其成分分析图。如图 6-3（a）所示，中空镀层内壁表面均匀、光滑，外表面包覆了金属层。图 6-3（b）表明中空镀层内表面不均匀，有黑色的物质残留内壁。如图 6-3（c）所示，利用能谱分析中空镀层内壁、外壁以及界面结合处元素分布，显示中空结构内壁 C 元素含量低于外壁。如图 6-3（d）和图 6-3（e）所示，中空镀层外壁 O 元素含量明显高于 C 元素，此结果证明了纤维素表面金属镀层不但在外壁沉积，而且内壁也可以沉积。界面处（黑色区域）主要由 Na、S、Al、P 组成，图 6-3（f）、图 6-3（g）、图 6-3（h）和图 6-3（i）中，P 的含量较大；图 6-3（j）中 Ni 元素是界面处主要成分。依据各元素成分图，界面处（暗色与亮色区域）主要成分是 Ni 与 NiO，中空结构内、外壁的主要成分是 Ni、P、O，其中 Ni 所占比例较大，是最主要的成分。因此，可以由以上数据得出结论，纤维素金属化形成的中空镀层成分主要为 Ni 与 NiO，中空镀层中纤维素所占比重较小。究其原因，纤维素经过超声处理、活化，其表面局部会出现一些孔隙，随着化学镀的进行，纤维素表面空隙会被金属 Ni 所占据，特别是进行两次化学镀后，镀液几乎将纤维素溶解，因此纤维素表面中空结构中纤维素成分较少。

6.3.3　中空金属镀层横截面形貌及其成分分析

中空镀层横截面内壁形貌及其成分分析如图 6-4 所示。

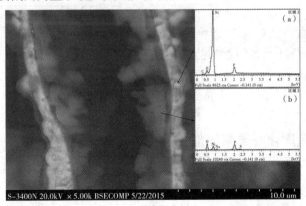

图 6-4　中空镀层横截面内壁形貌及其成分分析

（a）外壁能谱图；（b）内壁能谱图

图 6-4 是中空镀层横截面内壁形貌及其成分分析图，图中表明纤维素表面有一层亮色金属包覆，中空腔内壁有一些黑色物质存在，黑色物质松散地黏附在中

空镀层内壁，有些位置可以清晰观察到黑色物质与金属层结合界面处的缝隙。图6-4（a）所示中空镀层能谱分析主要是亮色区域，图6-3（b）所示中空镀层能谱分析主要是暗色区域。图6-4（a）与表6-2证明了中空镀层外壁的主要成分是金属Ni，含有少量P、O，Ni所占比例为87.59 wt%；图6-4（b）与表6-3证明了中空金属镀层内壁的主要成分是金属Ni，同时含有较多P、O元素，Ni所占比例为51.39 wt%。由此可见，微/纳米纤维素表面形成的中空镀层的外壁主要为Ni，均匀地包覆中空外层，中空镀层内壁主要由Ni与NiO组成。以上数据进一步验证了中空镀层纵截面分析结论的正确性。中空镀层外层粒子沉积量多于内层的原因是，在磁力搅拌作用下镀液中的Ni^{2+}之间相互碰撞，处于搅拌中心处的Ni^{2+}受到的向心力大于四周，于是中空结构中心处粒子沉积量较少，中空结构四周粒子沉积量较多。

表6-2　金属化纤维素外壁EDS

镀层类型	元素组成（wt %）		
	Ni	O	P
Ni-P	87.59	3.79	4.36

表6-3　金属化纤维素内壁EDS

镀层类型	元素组成（wt %）		
	Ni	O	P
Ni-P	51.39	27.86	12.27

6.3.4　金属化纤维素热重分析

图6-5是金属化纤维素的TG和DTG曲线，图中表明110 ℃左右出现了轻微的水分脱出峰，主要热解反应均发生在290~450 ℃之间，最大失重速率发生在345 ℃左右，此时，利用公式6-1计算可知热重失重比为4.56 wt%（见表6-4），这主要源于纤维素的热解，在325~375 ℃时，纤维素热解迅速，生成大量的挥发性产物[133]，450 ℃、580 ℃、720 ℃出现吸收峰主要是高温处理过程中镀层中的微晶态转化为晶态造成的。金属化纤维素加热到800 ℃后，其失重比仅为8.04 wt%，纤维素质量由原来的理论值15.30 wt%（见表6-5）下降到了4.56 wt%，这表明345 ℃温度处理金属化纤维素时，纤维素所占的质量比较小，金属化纤维素

主要成分为金属 Ni。此外，热重分析很好地证明了在金属化纤维素纵截面与横截面中 SEM 未能探测到纤维素成分，这进一步表明纤维素经过两次化学镀后纤维素已经被溶解殆尽。

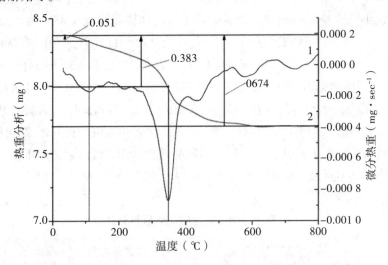

图 6-5　金属化纤维素热重分析

1——TG 曲线，m_0=8.378 mg，m_1=7.779 mg；2——DTG 曲线

表 6-4　中空镀层热重失重质量比

镀层类型	元素组成（wt %）		
	初始质量 m_0(mg)	热处理后质量 m_1(mg)	失重比（%）
110 ℃热处理金属化纤维素	8.378 0	8.327 0	0.61
345 ℃热处理金属化纤维素	8.378 0	7.991 0	4.56
800 ℃热处理金属化纤维素	8.378 0	7.704 0	8.04

表 6-5　金属化纤维素化学镀前后质量对比（理论值）

镀层类型	元素组成 （wt %）		
	化学镀前质量 (g)	化学镀后质量 (g)	纤维素所占比重 (%)
化学镀 2 次	0.600 0	3.680 0	15.30
化学镀 1 次	0.600 0	2.370 0	25.32

6.3.5 磁性分析

图 6-6 是中空镀层样品的磁滞回线。图中表明金属化纤维素具有良好的软磁特性、较小的矫顽力与剩磁。金属化纤维素饱和磁化强度（MS）为 9.52 emu/g，明显低于 Ni 粒子的饱和磁化强度（32 emu/g），矫顽力（Hc）为 18 Oe，剩磁（Mr）为 0.81 emu/g（见表 6-6），这可能是因为中空镀层相比普通粒子拥有更大的比表面积。[134] 不同纳米结构 Hc 值的差异，可能是由微晶尺寸的减少和比表面积增加所导致的微观结构上的晶格应变和缺陷引起的[135-137]。一般而言，顺磁性较好的复合材料，其矫顽力和剩磁都很小。微 / 纳米纤维素在溶液中极易团聚，使金属化纤维素具备很好的顺磁性，由于相互之间的磁性排斥，纤维素之间不但可以较好地分散[26]，而且可以转变为一种比表面积较大的磁性中空材料。

表 6-6　中空镀层磁化强度与矫顽力

样　品	磁性参数		
	Ms(emu · g⁻¹)	Hc(Oe)	Mr(emu · g⁻¹)
100 ℃热处理金属化纤维素	9.52	18	0.81

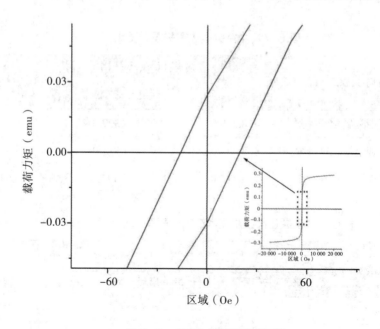

图 6-6　金属化纤维素磁滞回线

6.3.6　导电特性分析

图 6-7 是金属化纤维素样品的电学特性柱状图。图 6-7（a）表明金属化纤维素的电阻值分布较均匀，平均值为 1.69 Ω（见表 6-7）。图 6-7（b）表明金属化纤维素的电导率分布不是很均匀，可能原因是粉末状固体压片误差造成的，其电导率平均值为 16.65 s/cm。

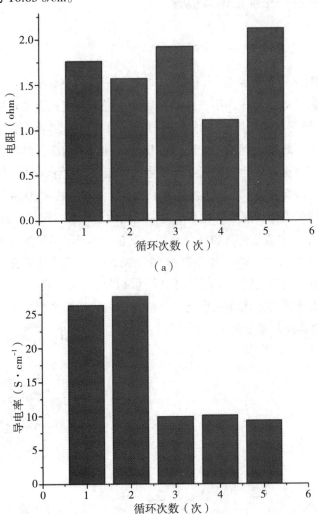

（a）

（b）

图 6-7　金属化纤维素电学特性

（a）电阻分布图；（b）电导率分布图

表 6-7 材料的电阻与电导率

类　型	平均电阻（Ω）	平均电导率（s/cm）
金属化纤维素	1.69	16.65

6.3.7 磁性中空镀层形成机理

1. 纤维素超声处理与活化

纤维素表面含有大量羟基[26]，磁性中空镀层形成机理如图 6-8 所示。超声波空化作用产生微波电子流，作用于纤维素表面，纤维素表面会出现裂隙，更多的次生壁 S2 层会裸露出来，从而达到细化纤维素的目的。超声波会促进纤维素的溶胀特性，有利于纤维素之间的氢键断开，打开纤维素表面微孔结构，增加纤维素表面积。这些特性提高了化学试剂对纤维素的可及性和化学活性。[26] 许多官能团将会从纤维素表面暴露出来。由于纤维素表面富含 C=O、H–C=O 和 –OH 官能团，这些特质使纤维素表面呈现电负性，于是带正电的 Ni^{2+} 可以吸附到其表面。[138] 纤维素在活化液 A 液中活化，其表面会吸附一定量的 Ni^{2+}，活化液 B 液活化的纤维素表面吸附的 Ni^{2+} 可以被还原剂还原为 Ni 单质，沉积到纤维素表面以及表面孔隙处。化学镀也称自催化镀，在化学镀中，金属的催化活性具有特别重要的作用。基体和沉积层是金属粒子沉积的催化剂，倘若在氧化反应中沉积出的金属不具备催化活性，那么当金属镀层完全包覆基体时，反应立即停止。[102]

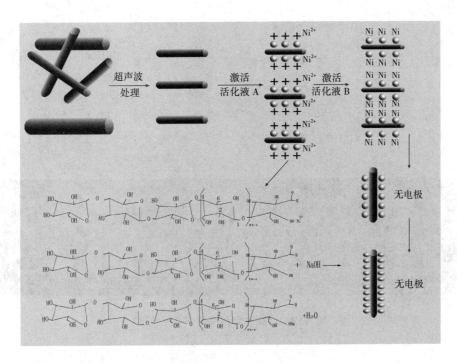

图6-8　中空镀层形成机理

2. 纤维素表面 Ni 晶核的生长

在碱性溶液中，次亚磷酸钠、Ni^{2+} 及 $Ni(OH)_2$ 的标准还原电势分别为 -1.37 V、-0.25 V 及 -0.72 V，反应式见式 6-2、式 6-3 及式 6-4。

$$H_2PO_2^- + 3OH^- \Longrightarrow HPO_3^{2-} + 2H_2O + 2e^- \qquad (6\text{-}2)$$

$$Ni^{2+} + 2e^- \Longrightarrow Ni \qquad (6\text{-}3)$$

$$Ni(OH)_2 + 2e^- \Longrightarrow Ni + 2OH^- \qquad (6\text{-}4)$$

由此可见，在化学镀反应过程中，溶液需保持足够强的碱性，进而确保次亚磷酸钠具有足够强的还原能力，避免大量氢氧化镍沉淀物的生成，否则，Ni 粒子的纯度、形貌以及粒度将无法得到有效的控制。图 6-9 是纤维素表面 Ni 粒子生长机理图，纤维素表面的缝隙与孔隙有利于 Ni 粒子形核，晶核生长并长大，逐渐包覆整个纤维素。依据 LaMer 模型[139]，溶液中的晶粒通过均相成核而自发形成稳定的晶核后，在一定条件下，立刻进入晶核生长阶段，此时，还原反应瞬间爆发形成核，产生了大量的 Ni 晶核，溶液中还原剂和 Ni^{2+} 浓度降到自发成核浓度以下，稳定的 Ni 晶核开始以相同的速度进入生长阶段[140]，生成的细小 Ni 粒子均匀包覆到纤维素表面。

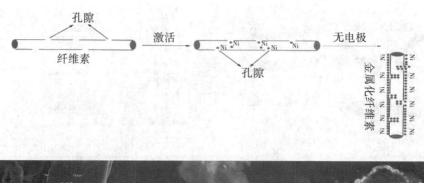

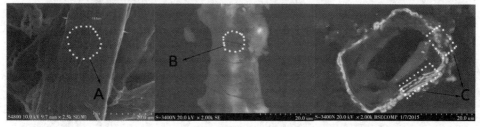

图 6-9　纤维素表面 Ni 粒子生长机理

3. 中空镀层中纤维素的溶解

由于化学镀液属于强碱性溶液（pH=9），溶液中氨水提供的大量 OH^- 与次亚磷酸钠提供的 Na^+ 会形成氢氧化钠，纤维素和镀液中的氢氧化钠可以发生反应生成产物 $[C_6H_7O_2(OH)_3 \cdot NaOH]$ 以及 $[C_6H_7O_2(OH)_2 ONa]N$，这二者之间可以互相转化。通常，温度越低，纤维素钠 $[C_6H_7O_2(OH)_2 ONa]N$ 越易电离，所以纤维素在低温下容易溶解。[141] 当纤维素进行活化时，活化 B 液中的氢氧化钠会附着到纤维素表面，对纤维素表面造成一定的降解；纤维素置于镀液中进行化学镀，镀液中的氨水与稳定剂硫脲构成的碱－硫脲体系会溶解部分纤维素[142-143]，由于硫脲中具有极性较强的 C=S 和 –NH₂ 基团，这些基团极易与纤维素分子形成分子间氢键，从而破坏纤维素晶区大分子间的结合力（见图 6-10），最终使纤维素溶解。[144] 此外，碱液还可以破坏纤维素分子间氢键，有利于促进纤维素的溶解[145]。当金属化纤维素进行第 2 次化学镀时，镀液构成的碱－硫脲体系会使那些还未溶解的纤维素或者已经被包覆在中空内壁的纤维素再一次溶解，以至最终得到较好的内壁不含有纤维素的磁性中空镀层。

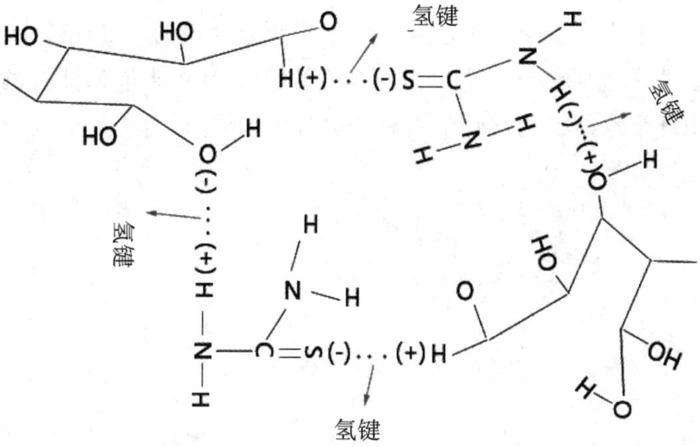

图 6-10　硫脲与纤维素之间氢键的形成

4. 中空镀层的形成

在化学镀 Ni 过程中，纤维素表面包覆金属层形成棒状金属化纤维素，同时，其内部纤维素被溶解。在 Ni 的自催化反应条件下，溶液中的 Ni^{2+} 会被还原成 Ni 单质，同时放出 H_2，纤维素表面的缝隙与孔隙有利于 Ni 晶核形核，晶核生长并长大，金属 Ni 层生长于纤维素孔隙中并逐渐长大，从而逐渐包覆整个纤维素。金属化纤维素两端处的 Ni 粒子以生成的 H_2 气泡为模板进行聚集和物相转化[138]，从而诱发 Ostwald 熟化过程或 Kirkendall 效应[146-148]，进而在表面张力和 Oswald 熟化作用下形成 Ni 中空结构。

6.4　小结

研究结果表明，利用化学镀技术将纤维素金属化，可以制备出磁性中空镀层，金属化纤维素主要为棒状形貌，粒径为微／纳米级，金属化形成的中空腔长度可达约 10 nm。纤维素表面金属层不仅可以在外壁沉积也可以在内壁沉积，依据各元素成分图和相图可知，界面处主要成分是 Ni 和 NiO，中空结构内、外壁的主要成分为 Ni、P、O，其中 Ni 是最主要的成分，其所占比例分别为 51.39 wt%、87.59 wt%。金属化纤维素经过高温热处理（800 ℃）后，其失重比仅为 7.14 wt%（m_1/

6

m_2）。纤维素质量由原来理论值 15.30 wt% 下降至 4.56 wt%，这表明经 345 ℃温度处理后的金属化纤维素中主要成分为金属 Ni，而纤维素所占的质量比较小。此外，热重分析很好地证明了金属化纤维素纵截面与横截面 SEM 中未能探测到的纤维素成分，进一步表明纤维素经过两次化学镀后已被溶解殆尽。

7 微／纳米纤维素基中空复合材料的光催化特性

研究结果表明含 Ni 的二氧化钛是一种从牺牲剂中制取氢气的经济而有效的光催化材料。[149-150] 譬如，Choi 等人[149] 通过水热法成功制备出 Ni 插层二氧化钛纳米管，其研究证明了二氧化钛纳米管的高光催化活性归功于纳米管间的 Ni。Ni 为质子还原提供活性位，促进二氧化钛纳米管产生的光电子的快速迁移。Yoshikawa 等人[151] 利用简单的溶胶－凝胶法合成出具有高光催化产氢活性的 NiO/TiO_2。光催化活性的提高基于光生电子从 TiO_2 导带到 NiO 活性位良好的转移性能。Korzhak 等人[150] 成功制备出 TiO_2/Ni 金属－半导体复合材料。该种复合材料在水－乙醇混合溶液中表现出很高的光催化产氢活性。Yu 等人[152] 证明了 $Ni(OH)_2$ 可以作为有效的光催化剂，这种催化剂可以提高二氧化钛的光催化产氢活性。

Ni 对光催化产氢有很好的促进作用，而关于 Ni^{2+} 以及 Ni 材料浓度对光催化产氢影响的研究并不多。[153] 本章中，我们以 $CuSO_4$ 溶液为牺牲剂，500 W 的汞灯作为光源，研究了 Ni^{2+} 以及 Ni 对 TiO_2 光催化活性的影响。同时，我们也研究了 Ni^{2+} 以及 Ni 增强 TiO_2 光催化活性的机理。此外，纳米 TiO_2 容易受活性组分流失的影响，且受到回收利用难的困扰。磁分离技术作为一门新兴的绿色环境保护技术，可以实现催化剂的定量回收以及重复利用，不仅操作简单、成本低廉，而且对环境没有污染且催化效果较好。木质纤维素基的中空材料拥有独特的拓扑结构及完好的形貌外观，具有其他材料不具备的功能，如大的比表面积、较大的内部空间等。因此，研究微／纳米纤维素基磁性中空金属材料的光催化特性很有必要。

本研究利用两种方法制备催化材料并研究其催化活性特性。①通过共沉积法，利用化学镀与超声波技术将纳米 TiO_2 均匀包覆到化学镀 Ni—P 层内，然后进行第 2 次化学镀从而制备中空金属镀层，高温热处理制备催化材料。②利用金属化纤维素与钛酸四丁酯共混合成复合材料，高温热处理制备催化材料。最后，对比两种复合材料催化活性并进行表征。

7.1 试验部分

7.1.1 材料与试剂

本试验所使用的材料与试剂见表 7-1。

表 7-1 本试验材料与试剂

名　　称	型　号	厂　家
木质纤维素	CB-204	Building materials technique development center.
TiO2（亲水）	锐钛型	源叶生物科技有限公司

7.1.2 仪器与设备

本试验所使用的仪器见表 7-2。

表 7-2 本试验仪器

名称型号	产　地
TU-1901 型双光束紫外 – 可见分光光度计	北京普析通用有限责任公司
PL-G500L 汞灯光源及冷肼	北京普林塞斯科技有限公司
800-1 离心沉淀器	金坛市江南仪器厂
FSX2-12-15N 箱式电阻炉	天津市华北实验仪器有限公司

7.1.3 TiO2 催化材料的制备

1. 共沉积法

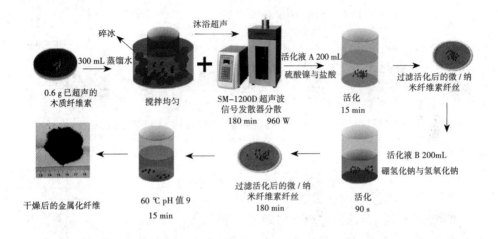

图 7-1 共沉积法制备复合材料示意图

　　称取 0.6 g 木质纤维素并缓慢加到装有 300 mL 蒸馏水的烧杯内，进行均匀搅拌。在冰浴环境下，利用 SM-1200D 超声波信号发生器分散纤维素，超声时间为 180 min，超声功率为 960 W。然后将分散好的微/纳米纤维素置于活化液 A 液（硫酸镍与盐酸）中活化，活化时间为 15 min，不断搅拌直到微/纳米纤维素与活化液充分接触。过滤活化好的微/纳米纤维素，直到没有活化液滴落时再将微/纳米纤维素置于 B 液（硼氢化钠与氢氧化钠）中活化，活化时间 90 s。过滤 B 液中活化好的微/纳米纤维素，此时调节镀液酸度值，在 60 ℃、pH=9 的条件下化学镀 Ni，15 min 后过滤金属化微/纳米纤维素。静置 2 min 后，再将金属化微/纳米纤维素进行二次化学镀，期间不间断匀速搅拌，取出固体并静置 5 min，而后置其于 FSX2-12-15N 型马弗炉，并在 400 ℃下煅烧 5 h，马弗炉预热 30 min，保温 120 min，制作好试件后进行保存。共沉积法制备复合材料详细示意图如图 7-1 所示。

2. 热解法

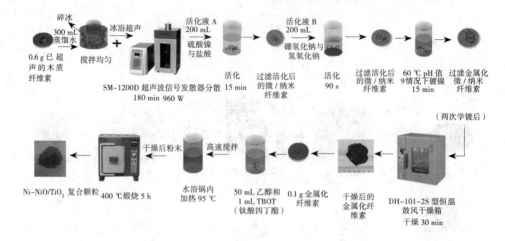

图 7-2　热解法制备复合材料示意图

称取 0.6 g 木质纤维素并缓慢加到装有 300 mL 蒸馏水的烧杯内，搅拌均匀。在冰浴环境下，利用 SM-1200D 超声波信号发生器分散纤维素，超声时间为 180 min，超声功率为 960 W。然后将分散好的微 / 纳米纤维素置于活化液 A 液（硫酸镍与盐酸）中活化，活化时间为 15 min。过滤活化好的微 / 纳米纤维素，直到没有活化液滴落时再将微 / 纳米纤维素置于 B 液（硼氢化钠与氢氧化钠）中活化，活化时间 90 s。过滤 B 液中活化好的微 / 纳米纤维素，此时调节镀液酸度值，在 60 ℃、pH=9 的条件下镀 Ni，15 min 后过滤金属化微 / 纳米纤维素。静置 2 min 后，再将金属化微 / 纳米纤维素进行二次化学镀而后放其置于 DH-101-2S 型电热恒温鼓风干燥箱干燥 30 min，制作好试件后进行保存。制备好的金属化纤维素作为前驱体，在电动搅拌器高速搅拌下，称取 0.1 g 金属化纤维素分散至 50 mL 乙醇与 1 mL 钛酸四丁酯 TBOT 的混合溶液中，然后将混合溶液置于水温 95 ℃水浴锅中，使乙醇完全挥发。最后将干燥后的粉末置于 FSX2-12-15N 型马弗炉，并在 400 ℃ 下煅烧 5 小时，马弗炉预热 30 min，保温 120 min，得到 Ni-NiO/TiO$_2$ 复合颗粒。热解法制备复合材料示意图见图 7-2。

7.1.4　中空复合材料对于 Cu（Ⅱ）溶液的催化试验设计

为了探究含有纳米 TiO$_2$ 的中空金属镀层对 Cu (II) 的光催化性能，取 0.1 g 中空复合材料溶于 50 mL 蒸馏水中，充分搅拌后置于 SHA-C 型水温恒温振荡器中振荡 30 min，然后把振荡好的中空复合材料加入催化装置容量瓶中，同时加入初始浓度为 0.750 0 mol/L Cu²⁺ 溶液，开启自来水阀门，调整冷却循环水的流速，然后，启动汞灯，调节电流强度，从汞灯灯光稳定开始计时，选取不同时间段，利用 TU-1901 型双光束紫外 – 可见分光光度计测试光催化后 Cu (II) 的浓度，选取空白对照组，利用如下公式计算催化的 Cu (II) 的降解率以及催化量。

$$\rho = (C_0 - C_1)/C_0 \times 100\% \qquad (7-1)$$

式中，ρ 表示降解率；C_0 表示初始浓度；C_1 表示降解后浓度。

$$\beta = (C_0 - C_1) \times V \times 64/m_0 \qquad (7-2)$$

式中，β 表示催化量；C_0 表示初始浓度；C_1 表示降解后浓度；V 表示溶液体积；m_0 表示催化剂的质量。

7.1.5　结构与性能表征

通过共沉积与热解法制备复合材料，利用 XRD、SEM、多用吸附仪、LAND 电池测试系统 –CT2001A、FT–IR 及紫外分光光度计对复合材料进行表征与测试。其中，LAND 电池测试系统 –CT2001A 产自德国 MIKROUNA Super（12201750），三站全功能型多用吸附仪 3Flex 产自美国麦克公司。

7.2　结果与讨论

7.2.1　XRD 分析

图 7-3 是纯纳米 TiO₂、金属化纤维素、金属化纤维素 / 纳米 TiO₂ 以及金属化纤维素与 TBOT 热解合成材料的 XRD 图谱。从图 7-3（a）可以看出，曲线 1 中出现了典型的锐钛型 TiO₂ 衍射峰，曲线 2 与曲线 3 在 $2\theta=45°$ 有很强金属 Ni 衍射峰，该结果证明了金属化纤维素的主要成分为金属 Ni。此外，由于纳米 TiO₂ 的添加，镀层中晶粒尺寸明显减小，（111）晶面处的晶粒尺寸为 16.5 nm（见表 7-3）。曲线 3 中未出现 TiO₂ 相，表明 TiO₂ 被很好地包覆在镀层中。由图 7-3(b) 可以看出，复合材料 XRD 图谱中出现了典型的锐钛晶型 TiO₂ 以及金属 Ni 衍射峰，这进一步证明了金属化纤维素与 TBOT 热解合成 TiO₂ 的方法可行。基于分析可知，化学镀可以有效控制镀层晶粒尺寸，共沉积法合成复合材料可行、有效。此外，金属化纤维素与 TBOT 物理混合后热解制备 TiO₂ 可行且合理。

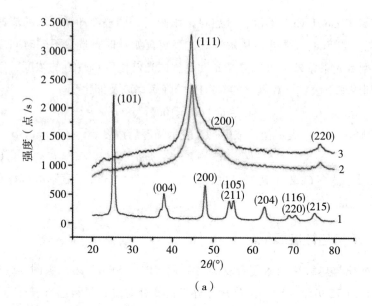

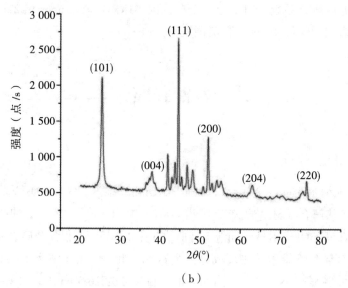

图 7-3 XRD 图谱

（a）1 为纯纳米 TiO_2，2 为金属化纤维素，3 为金属化纤维素 / 纳米 TiO_2；
（b）金属化纤维素与 TBOT 的热解复合材料，400 ℃，5 h

表 7-3 XRD图谱积分宽度值与（101）、（111）处的晶粒大小

样品类型	积分宽度值 β（rad）	粒径 D（Å）
纳米 TiO_2	0.217	423
金属化纤维素	0.320	282
金属化纤维素（纳米 $-TiO_2$）	0.528	165

7.2.2 SEM 分析

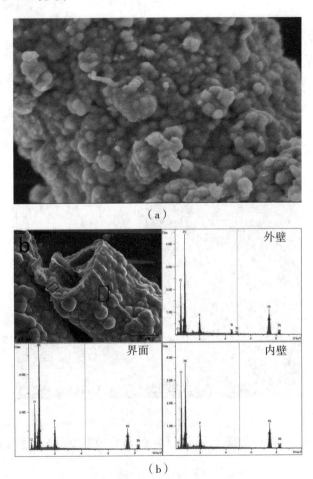

（a）

（b）

图 7-4 金属化纤维素与金属化纤维素 / 纳米 TiO_2 的 SEM 形貌

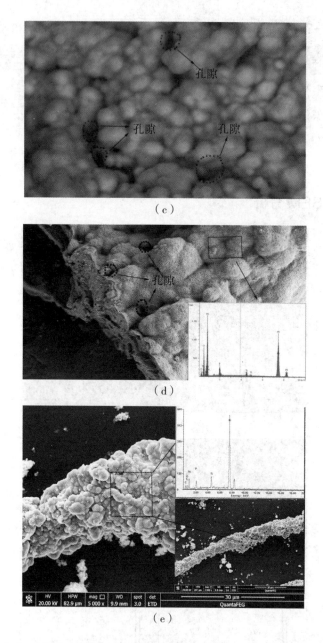

图 7-4　金属化纤维素与金属化纤维素 / 纳米 TiO$_2$ 的 SEM 形貌（续）

（a）金属化纤维素；（b）金属化纤维素 / 纳米 TiO$_2$；
（c）高温热处理金属化纤维素 / 纳米 TiO$_2$；（d）表面修饰且高温热处理金属化纤维素 / 纳米
TiO$_2$，嵌入能谱图；（e）高温处理金属化纤维素与 TBOT 合成材料，嵌入能谱图与放大图，高温
处理的条件是 400 ℃，5 h

表 7-4　金属化纤维素/纳米TiO₂ 材料的能谱图分析结果

镀层位置	元素组成（wt %）				
	Ni	P	O	Ti	C
镀层外壁	66.42	6.36	19.54	3.32	4.36
镀层界面处	60.22	9.33	21.47	0	8.97
镀层内壁	62.57	7.53	25.95	0	3.95

表 7-5　热处理金属化纤维素/纳米TiO₂ 材料的能谱图分析结果

镀层位置	元素组成（wt %）				
	Ni	P	O	Ti	C
镀层外壁	80.99	3.35	4.16	2.91	4.16

表7-6　金属化纤维素/ TBOT合成材料的能谱图分析结果

镀层类型	元素组成（wt %）				
	Ni	P	O	Ti	C
金属化纤维素（TBOT）	86.83	2.17	1.76	4.76	4.48

图 7-4 是共沉积法制备的金属化纤维素与金属化纤维素 / 纳米 TiO₂ 复合材料的 SEM 形貌。比较图 7-4（a）与 7-4（b），金属化纤维素表面镀层粒子分散较均匀，粒子之间团聚现象较少，粒子粒径约 1 μm。图 7-4（b）证明了金属化纤维素表面镀层含有纳米 TiO₂，细小的纳米粒子并不附着于金属层外侧，而是镶嵌于镀层粒子之间，其主要位于中空金属层外壁。中空材料内壁与外壁化学元素组成相同，主要含有 Ni、P、O 三种元素（见表 7-4），该分析结果与 XRD 分析结果保持一致。图 7-4（c）与 7-4（d）表明金属化纤维素经过 400 ℃高温热处理 5 h 后，其表面出现许多小孔隙，孔隙大小不均一。此外，镀层中 P 含量明显降低（见表 7-5），P 含量的降低有利于镀层硬度和晶态结构的提高，进而优化其镀层性能。图 7-4（e）表明金属化纤维素与 TBOT 热解合成的复合材料热处理后表面无明显孔隙结构，镀层表面较均匀，镀层局部粒子出现了团聚现象，能谱图证明了团聚的粒子主要为 TiO₂（TBOT 热分解产物）（见表 7-6）。鉴于 SEM 分析结果，化学镀共沉积法制备的 TiO₂ 复合材料表面较均匀，TiO₂ 分散较好。

7.2.3　比表面积与孔径分布分析

图 7-5 是共沉积法制备的金属化纤维素 / 纳米 TiO$_2$ 复合材料的 BET 比表面积和孔隙结构的 N$_2$ 吸附和脱附等温线。图中表明该材料 N$_2$ 等温线属于 IV 型等温线。位于 0.35 到 1.0 的相对高压力区，等温线出现两个滞后回环，表明金属化纤维素 / 纳米 TiO$_2$ 复合材料在介孔和大孔区域具有双峰孔径分布。两个滞后回环的形状各不相同，位于 0.35 到 0.6 的相对压力低的滞后回环对应复合材料表面的孔；位于 0.6 到 1.0 的相对压力高的滞后回环的形状为 H3 型[154]，孔径大小为 1.866 nm，孔结构参数见表 7-7，这与观察到的 SEM 图像一致。图 7-5 中的孔径分布曲线进一步表明，金属化纤维素 / 纳米 TiO$_2$ 复合材料结构具有较小的介孔（1.8 nm）和较大的介孔（2.5~3.5 nm）。此外，空腔尺寸为 1 μm 的复合材料比表面与孔隙结构不能通过该方法获得。

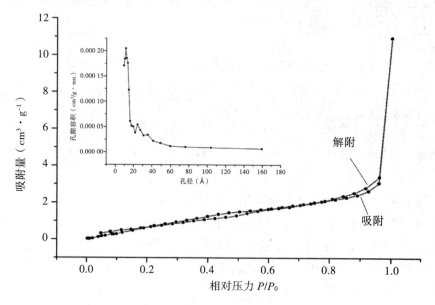

图 7-5　中空金属化纤维素 N$_2$ 吸附和脱附等温线

表 7-7　金属化纤维素的孔结构参数

孔结构参数	吸附	解吸	比表面积
比表面积 (m^2/g)	3.216 0	3.581 0	5.465 3

孔结构参数	吸附	解吸	比表面积
孔径尺寸 (nm)	2.484 8	2.770 1	—
孔隙容积 (cm³/g)	0.003 9	0.004 9	—

注：孔径介于 8.500 Å 到 1 500.000 Å 之间

7.2.4　电化学性能分析

基于核壳结构材料优良的电化学性能，本研究对纤维素基中空金属复合材料进行了以锂离子电池为锂存储的恒电流充电 / 放电测试。图 7-6 是复合材料充电 / 放电测试图，电流密度为 150 mA·g^{-1}，电压范围为 0.1~3.0 V，（Li/ Li$^+$）经过 5 次充放电循环。图 7-6（a）与图 7-6（b）样品表明经过第 1 次循环的充放电趋势以及数据与文献报道一致。[155] 第 1 次充放电循环测试后，中空金属化纤维素复合材料展现出更高的初始放电容量（1 295.8 mA·h·g^{-1}）和更高的充电能力（802.8 mA·h·g^{-1}）。5 次充放电循环后，中空金属化纤维素复合材料放电与充电容量分别为 769.8 mA·h·g^{-1} 和 752.7 mA·h·g^{-1}（见表 7-8），5 次充放电循环测试后，该材料的库仑效率为 97.8%。60 次充放电循环后，中空金属化纤维素复合材料放电与充电容量分别为 573.2 mA·h·g^{-1} 和 563.4 mA·h·g^{-1}，60 次充放电循环测试后该材料的库仑效率为 98.2%。研磨中空金属化纤维素复合材料放电与充电容量分别为 498.7 mA·h·g^{-1} 和 496.1 mA·h·g^{-1}，60 次充放电循环测试后该材料的库仑效率为 99.5%。出色的 Li$^+$ 存储性能基于独特的空心核壳结构。中空金属化纤维素表面许多孔隙和空腔由较小的纳米晶体组成，因而中空材料具有较高的比表面积，这将促使锂离子很容易进出，提高锂嵌入的性能。

图 7-6（c）进一步比较了纤维素基中空金属复合材料和研磨中空金属材料 60 次循环性能。60 次充放循环后，中空金属化纤维素的可逆容量是 573.2 mA·h·g^{-1}，高于研磨中空金属化纤维素（498.7 mA·h·g^{-1}）。很明显，未经过研磨的中空金属化纤维素相比较研磨过的中空金属化纤维素，循环性能有了显著提高，这种现象出现的原因可能是研磨会破坏中空金属结构。在充放电过程中，锂离子存储性能的增强可以归因于独特的中空介孔结构，中空介孔结构可以提供更好的电解质可及性与缓冲体积变化，在锂离子充放电过程中可以有效容纳更大程度结构变化。[156-157] 这种中空结构可以提供更大的比表面积，增加材料表面的电流活性受点。[158] 该结果表明，中空结构可以大大提高锂电池的电化学性能。

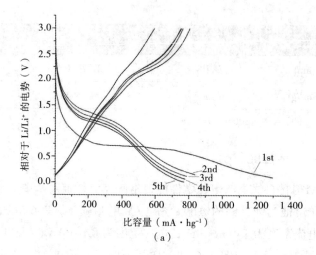

（a）

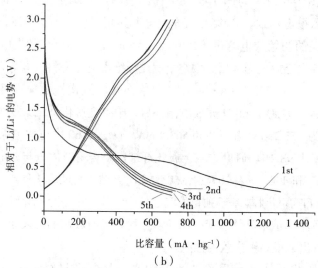

（b）

图 7-6　1-5 次循环充放电曲线

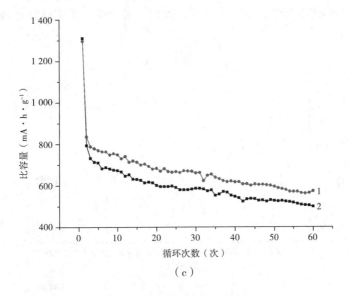

图 7-6　1~5 次循环充放电曲线

(a)，(b) 中空金属化纤维素；(c) 中空金属化纤维素充放电循环性能

表 7-8　循环性能对比

类　型	初始放电容量 （mA·h·g⁻¹）	初始充电容量 （mA·h·g⁻¹）	5 次循环放电容量 （mA·h·g⁻¹）	5 次循环充电容量 （mA·h·g⁻¹）
未研磨复合材料	1 296.8	802.8	769.8	752.7
研磨复合材料	1 309.9	723.7	710.6	678.1

7.2.5　FT-IR 分析

从图 7-7 可以看出，该复合材料样品出现了 400~830 cm⁻¹ 宽而平的峰，此吸收峰是 TiO_2 的特征吸收峰，表明钛酸丁酯水解形成了 Ti-O-Ti 结构。在 3 425 cm⁻¹ 处出现宽峰，这是纤维素表面的羟基 -OH 伸缩振动吸收峰；还有在 2 330 cm⁻¹ 的 =C-H 伸缩振动吸收峰以及 1 310 cm⁻¹ 的纤维素 C-O-C 吸收峰；在 1 035 cm⁻¹ 的峰对应 Ti-O-C 振动吸收峰[159]，也有文献报道在 1 310 cm⁻¹ 出现的峰是 Ti-O-C 振动吸收峰[160]，如图 7-7 所示，尽管对于 Ti-O-C 振动吸收峰的峰位还

有争议，不过本研究中两个峰均有出现，因此，可以确定在该复合材料中确实生成了 Ti–O–C 键。

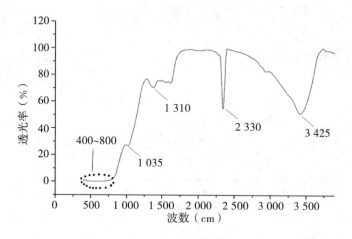

图 7-7　红外图谱

7.2.6　催化特性

1. 不同种类催化剂的催化效果

图 7-8 是相同初始 Cu (II) 溶液浓度、催化剂质量与催化反应条件，不同种类催化剂的催化能力对比。图中表明随着催化时间的延长，Cu (II) 浓度逐渐降低，曲线 1 的催化量最大，依据反应式 7-1 与式 7-2，Cu (II) 的降解率为 22%，催化量为 5 280 mg/g（见表 7-9）。空白对照组 Cu (II) 浓度几乎没有发生变化。究其原因，当紫外光能量大于 TiO_2 禁带宽度，光激发电子跃迁到导带，进而形成导带电子（e^-），同时在价带留下空穴（h^+）。在电场作用下或通过扩散的方式，它们可以运动，与沉积在 TiO_2 粒子表面上的物质发生氧化还原反应。[161] 化学镀共沉积制备的金属化纳米纤维素 /TiO_2 所构成的中空材料中纳米 TiO_2 平均含量仅为 0.01 g，Cu (II) 的降解率为 15.73%，催化量可达 3 776 mg/g，相比于上述提到两种催化材料而言，该催化材料的催化效率较高，对 Cu (II) 有更好的催化效果。因此，由以上分析可知，化学镀共沉积制备的金属化纳米纤维素纳米 TiO_2 是一种较好的光催化剂。

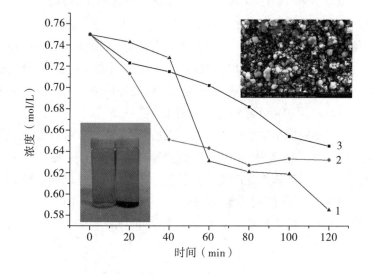

图7-8 催化能力对比

1——锐钛型纳米 TiO₂；2——化学镀共沉积制备的材料；3——钛酸四丁酯制备的纳米材料，嵌入纳米 TiO₂，D=100 nm

表 7-9 催化能力对比

样品类型	初始浓度 C_0(mol/L)	最终浓度 C_1(mol/L)	催化量 β(mg/g)
样品 1	0.750 0	0.585 0	5 280
样品 2	0.750 0	0.632 0	3 776
样品 3	0.750 0	0.645 0	3 360

注：样品 1：锐钛型纳米 TiO₂；样品 2：共沉积法制备的材料；样品 3：热解法制备的纳米材料

2. 催化剂浓度对于催化效果的影响

图 7-9（a）是不同催化剂浓度条件下，催化剂对于 Cu (II) 的降解图。图中表明随着催化时间的延长，溶液中 Cu (II) 溶度逐渐降低，曲线 3 中 Cu (II) 溶度较曲线 1 与曲线 2 浓度降低程度较明显，浓度较低。当催化时间达到 120 min 时，4 种浓度催化剂的催化量依次为 3 392 mg/g、3 776 mg/g、3 264 mg/g 和 1 248 mg/g（见表 7-10），此时，催化剂浓度为 2 g/L，中空金属化纤维素 / 纳米 TiO₂ 的催化能力

最佳。此外，本研究基于更低浓度 (0.5 g /L) 的催化剂催化能力进行了详细研究，试验表明 0.5 g /L 浓度催化剂催化效果基本与 1 g /L 催化能力相当。因此，本研究最终理想的催化浓度选择 2 g /L。究其原因，催化剂分散状态在溶液中是催化能力的关键因素，较好的分散状态可以促使催化剂与溶液中的 Cu (II) 充分接触，当催化剂浓度较高时，部分催化剂不能很好地与溶液充分接触，反之，当催化剂浓度太低时，高压汞灯产生的紫外光不能充分利用。

图 7-9（b）是不同催化剂浓度条件下，催化剂对于 Cu (II) 的降解图。图中表明，随着催化时间的延长，溶液中 Cu (II) 溶度逐渐降低，曲线 4 中 Cu (II) 溶度较曲线 1、曲线 2 与曲线 3，浓度降低程度较明显，浓度较低。当催化时间达到 120 min 时，4 种浓度催化剂的催化量依次为 5 696 mg/g、1 664 mg/g、1 408 mg/g 和 1 802 mg/g（见表 7-11）。此时，催化剂浓度为 1 g /L，Ni–NiO/TiO$_2$ 中空复合结构的催化能力最佳。

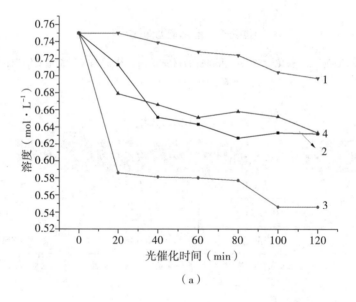

（a）

图 7-9　不同浓度催化剂对于 Cu（Ⅱ）的降解图

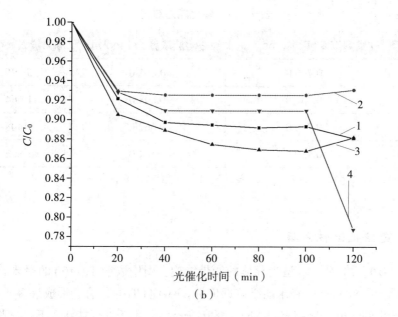

图7-9　不同浓度催化剂对于 Cu（Ⅱ）的降解图（续）

1——1 g/L 催化剂；2——2 g /L 催化剂； 3——4 g /L 催化剂；4——6 g /L 催化剂

表7-10　催化能力对比

样品类型	初始浓度 $C_0(\text{mol} \cdot \text{L}^{-1})$	最终浓度 $C_1(\text{mol} \cdot \text{L}^{-1})$	催化量 $\beta(\text{mg} \cdot \text{g}^{-1})$
样品 1	0.750 0	0.697 0	3 392
样品 2	0.750 0	0.632 0	3 776
样品 3	0.750 0	0.546 0	3 264
样品 4	0.750 0	0.633 0	1 248

注：样品 1，1 g/L；样品 2，2 g/L；样品 3，4 g/L；样品 4，6 g/L

表 7-11　催化能力对比

样本类型	初始溶液浓度 C_0（mol·L^{-1}）	最终溶液浓度 C_1（mol·L^{-1}）	催化量 β（mg·g^{-1}）
样本 1	0.750 0	0.661 0	5 696
样本 2	0.750 0	0.698 0	1 664
样本 3	0.750 0	0.662 0	1 408
样本 4	0.750 0	0.581 0	1 802

注：样品 1，1 g/L；样品 2，2 g/L；样品 3，4 g/L；样品 4，6 g/L

3. 光催化活性分析

图 7-10（a）是 n-p 型半导体的能带结构。图中表明 TiO_2 (n) 的费米能级比较接近导带，NiO (p) 的费米能级接近价带。NiO 与 TiO_2 结合会形成许多 p-n 结。TiO_2 中产生的光电子会填充了 NiO 中的部分空穴，由于在低能状态下，这些空穴容易产生。于是多余的正电荷与多余的电子会逐渐形成内建电场。[153] 该电场会促使飘移电流与扩散电流达到了热力学平衡状态，进而费米能级保持动态平衡（见图 7-10（b））。高压汞灯产生的紫外光照射于 Ni-NiO/TiO_2 材料，光子会激发 TiO_2 产生自由的电子 – 空穴对。在内建电场的作用下，TiO_2 价带中的光生空穴会加速转移于 NiO，而电子向 n 型 TiO_2 转移（见图 7-10（c））。从而，电子 – 空穴对可以有效地被分离。[162-163] 因此，p-n 结可以有效降低光生电子 – 空穴对的复合率进而提高光催化活性。

基于上述分析，研究者测试了共沉积法制备的 Ni-NiO/TiO_2 材料的稳定性和重复性。经过 5 次循环光降解于 Cu (II) 溶液，催化剂的活性几乎没有减小，进一步表明 Ni-NiO/TiO_2 材料可以用于催化领域（见图 7-11）。此外，由于 Ni-NiO/TiO_2 材料是微 / 纳米级的，它在 4 min 内可以完全自然沉降（见图 7-8 插图）。因此，该复合材料可以作为大范围环境净化的光催化材料而引人注目，由于其在光催化结束后，易通过离心或沉降的办法从悬浮体系中分离出来，比传统的光催化材料更容易再生利用。

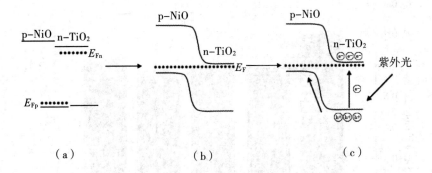

图 7-10　p-n 结转移示意图

(a) NiO (p) 与 TiO_2 (n) 接触前的能带；(b) p-n 结的形成以及平衡时的能带；(c) 紫外光条件下，p-n 之间的转移[153]

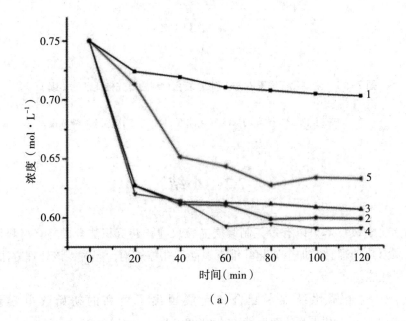

（a）

图 7-11　金属化纤维素 / 纳米 TiO_2 复合材料重复光催化活性

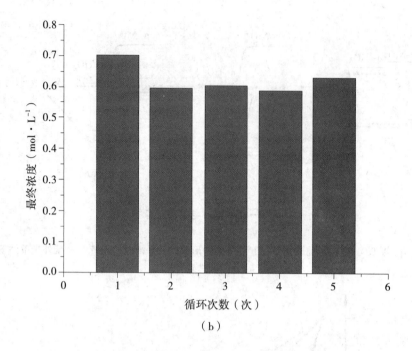

图 7-11　金属化纤维素 / 纳米 TiO_2 复合材料重复光催化活性（续）

（a）0~2 h 内 5 次循环的浓度变化曲线；（b）5 次循环溶液浓度

7.3　小结

（1）化学镀技术可以有效控制镀层晶粒尺寸，共沉积法合成复合材料可行、有效。高温热处理会增加金属化纤维素表面的孔隙结构，同时，该处理方法可以优化镀层性能。

（2）中空金属化纤维素复合材料展现出了更高的初始放电容量（1 295.8 $mA \cdot h \cdot g^{-1}$）和更高的充电能力（802.8 $mA \cdot h \cdot g^{-1}$）。

（3）化学镀共沉积制备的金属化纤维素 /TiO_2 所构成的中空材料中纳米 TiO_2 含量仅为 0.01 g，催化剂浓度为 2 mol/L，其对于 Cu（II）催化量可达 3 776 mg/g，Cu (II) 的降解率为 15.73%，可用于催化领域。

（4）p-n 结可以有效避免光生电子 – 空穴对的复合率进而提高光催化活性。

8 金属化中空纤维素高温热处理

如同所有的固体一样，化学镀 Ni 层的多数性质与温度有关。热膨胀系数影响镀层的内应力与结合力，没有经高温热处理的化学镀 Ni 镀层属于热力学上的亚稳态，其有从非晶态或微晶态向晶态转变的趋势。在其他条件一定的条件下，对复合镀层进行热处理，镀层中原子会发生互扩散，致使非晶或微晶结构重结晶，生成金属 Ni 和金属间化合物，如 Ni_2P、Ni_3P 以及 Ni_5P_2 等。[164-166] 一般而言，热处理会改变镀层结构，结构的变化进而影响镀层性能。当前，关于 Ni–P 二元合金的热处理已有不少研究报道。[167-171]

本研究以微 / 纳米纤维素为基材进行金属化，制得的金属化纤维素进行高温热处理，探究高温热处理与金属化纤维素的组织结构与性能变化的关系。

8.1 试验部分

8.1.1 材料与试剂

本试验所用的材料与试剂如表 7-11 所示。

表 8-1 试验材料与试剂

名　称	型　号	厂　家
硫酸镍（主盐）	分析纯	天津市科盟化工工贸有限公司
次亚磷酸钠（还原剂）	分析纯	天津市光复精细化工研究所
柠檬酸钠（络合剂）	分析纯	天津市凯通化学试剂有限公司

续 表

名　称	型　号	厂　家
硫脲（稳定剂）	分析纯	北京化工厂
氨水（pH 调整剂）	分析纯	天津市北联精细化学品开发有限公司
氢氧化钠（活化液）	分析纯	天津市红岩化学试剂厂
硼氢化钠（活化液）	分析纯	天津市科密化学试剂有限公司
盐酸（活化液）	分析纯	天津市永晟精细化工有限公司

8.1.2　仪器与设备

本试验所使用的仪器如表 8-2 所示。

表 8-2　试验仪器

名称型号	产　地
MPMS XL-7° 交流直流磁化率	美国 Quantum Design 公司
TA Q600 热重分析仪	美国 TA 公司
FSX2-12-15N 箱式电阻炉	天津市华北实验仪器有限公司

8.1.3　材料制备

木质纤维素作为基体材料，称取 0.6 g 木质纤维素，溶于 300 mL 蒸馏水中。首先利用 SM-1200D 超声波信号发生器分散纤维素，分散时间为 180 min，功率为960 W。然后将分散好的纤维素置于活化液 A 液 (nickel sulfate and hydrochloric acid)中，保持 15 min，期间不停搅拌，取出后直到没有液体滴落时置于 B 液活化，活化时间为 90 s。活化后静置 5 min，然后，在水浴温度 60 ℃、pH=9 的条件下镀 Ni，15 min 后再进行第 2 次化学镀，15 min 后取出材料。利用马弗炉煅烧固体，条件为400 ℃，5 h。进而利用 SEM、TGA、XRD 以及 VSM 对制备好的材料进行表征。

8.1.4　结构与性能表征

1. SEM 分析

将棒状样品粘上导电胶并置于测试台后，采用日本 S-3400N、S-4800SEM 观察金属化纤维素的表面形貌与组成成分。

2. TGA 分析

热重分析，在美国 TA 公司 Q600 型的热重分析仪上测试，测试条件：氮气氛围，升温速率 10 K/min，温度范围 20~800 ℃。热重测试的材料需要经过不同温度干燥，干燥温度分别为 100 ℃、200 ℃、300 ℃、400 ℃和 500 ℃。测试后分析数据并计算中空金属镀层中纤维素所占比重。失重比计算公式如下：

$$W = \frac{(m_0 - m_1)}{m_0} \times 100\% \quad\quad (8-1)$$

式中，W 表示金属化纤维素失重比；m_0 表示初始质量；m_1 表示加热失重后的质量。

3. XRD 分析

将试样置于 30~35 ℃下真空干燥 8 h，然后进行研磨、压片，并进行测定，扫描角度为 20~80°，扫描速度为 3 deg/min。XRD 测试的材料需要经过不同温度干燥，干燥温度分别为 100 ℃、200 ℃、300 ℃、400 ℃和 500 ℃。颗粒的晶粒尺寸用谢乐方程计算：

$$D = \frac{K\lambda}{\beta\cos\theta} \quad\quad (8-2)$$

式中，λ 为入射 X 射线波长 0.154 1 nm；K 为谢乐常数，取 0.89；θ 为布拉格（衍射）角；β 为衍射峰的半高峰宽（rad）。

4. 磁性分析

磁性测试的材料需要经过不同温度干燥，干燥温度分别为 100 ℃、200 ℃、300 ℃、400 ℃和 500 ℃。用 MPMS-XL-7 型振动样品磁量计（山东天合协作中心）测定金属化纤维素的磁滞回线，并对其饱和磁化强度以及矫顽力进行分析与研究。

8.2 试验结果与分析

8.2.1 SEM 分析

图 8-1 是经过 400 ℃、5 h 热处理的金属化纤维素 SEM。图 8-1（a）表明高温热处理金属化纤维素中空空腔没有明显形变，仅局部内腔发生了微小形变。图 8-1

（b）表明金属化纤维素主要由 Ni、P、O 元素组成，其中外壁金属 Ni 含量较大。因而可以得出一个结论，金属化纤维素高温热处理不会影响其中空腔尺寸，中空结构的特性不会因高温热处理而改变。

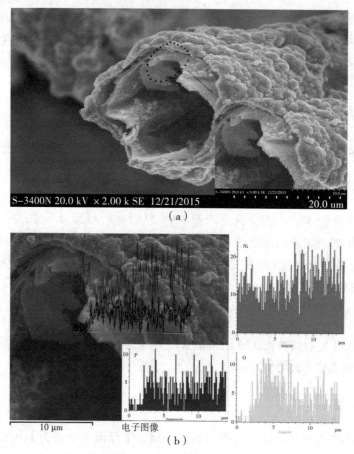

（a）

（b）

图 8-1　热处理金属化纤维素形貌

（a）金属化纤维素纵截面图，嵌入局部放大图；（b）热处理金属化纤维素线扫描能谱，嵌入元素含量分布

8.2.2　热重分析

图 8-2 依次是 100 ℃、200 ℃、300 ℃、400 ℃和 500 ℃热处理的金属化纤维素热重分析的 TG 和 DTG 曲线，图 8-2（a）与图 8-2（b）表明材料在 110 ℃左右都出现了轻微的水分脱出峰，主要热解反应均发生在 290~450 ℃之间，最大失重速率发生在 345 ℃左右，利用反应式 8-1 计算可知，热重失重比分别为 4.54%，5.60%

（见表 8-3），430 ℃、580 ℃、720 ℃出现的吸收峰主要基于高温处理过程中镀层中的微晶态转化为晶态，此处的峰值变化源于金属间化合物的析出。图 8-2（c）表明材料仅仅在 430 ℃处出现了明显吸收峰，金属化纤维素经过 300 ℃热处理后，热重测试证明了其表面的水分已经基本蒸发殆尽，部分纤维素被碳化，所以水分脱出峰、纤维素热解反应的峰值都很微弱，只有金属间化合物的析出以及非晶态相消失[123]所造成的吸收峰依然明显。图 8-2（d）与图 8-2（e）已经几乎没有明显的峰值出现，金属化纤维素质量明显增加，高温热处理会使得金属 Ni 被氧化为NiO。金属化纤维素加热到 800 ℃后，其失重比仅为 4.54%，这表明金属化纤维素中纤维素所占的质量比较小，主要成分为金属 Ni 及其化合物。此外，400 ℃热处理会使得金属化纤维素部分金属被氧化为金属氧化物。

金属化纤维素经过 400~500 ℃热处理后再进行热重分析，其质量会一直增加，热重曲线没有明显的峰值出现。金属化纤维素质量的增加表明温度高于 300 ℃，其镀层会被氧化。

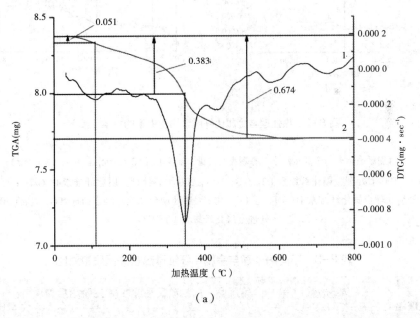

（a）

图 8-2　热处理与金属化纤维素热重失重的关系

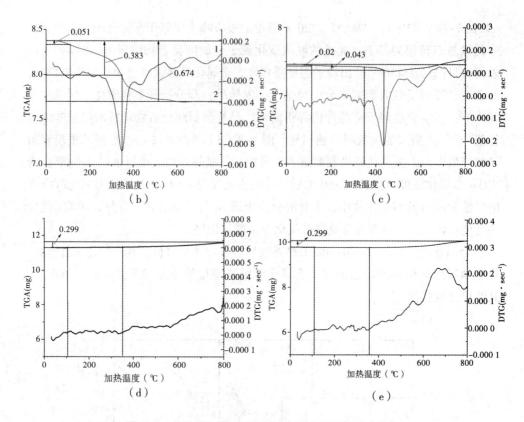

图 8-2　热处理与金属化纤维素热重失重的关系（续）

注：右侧纵坐标表示金属化纤维素每秒失重质量（曲线 1：DTG curve，曲线 2：TG curve）

（a）100 ℃处理金属化纤维素 DTG/TG；（b）200 ℃热处理金属化纤维素 DTG/TG；（c）300 ℃热处理金属化纤维素 DTG/TG；（d）400 ℃热处理金属化纤维素 DTG/TG；（e）500 ℃热处理金属化纤维素 DTG/TG

表 8-3　不同热处理与金属化纤维素热重失重质量对比

处理温度	初始质量 m_0(mg)	第一阶段质量 m_1(mg)	第二阶段质量 m_2(mg)	第三阶段质量 m_3(mg)	失重比 (%)
100 ℃	8.378 0	8.328 0	7.995 0	7.704 0	4.54
200 ℃	7.659 0	7.590 0	7.230 0	6.936 0	5.60
300 ℃	7.467 0	7.447 0	7.424 0	7.536 0	—

| 处理温度 | 初始质量 | 第一阶段质量 | 第二阶段质量 | 第三阶段质量 | 失重比 (%) |
	m_0(mg)	m_1(mg)	m_2(mg)	m_3(mg)	
400 ℃	9.781 0	9.771 0	9.769 0	10.072 0	—
500 ℃	11.317 0	11.311 0	11.339 0	11.616 0	—

注：m_0 为初始质量，m_1 为 110 ℃热重测试质量，m_2 为 345 ℃热重测试质量，m_3 为 800 ℃热重测试质量，此时失重比以 345 ℃纤维素失重质量为标准计算。

8.2.3　镀层 XRD 分析

图 8-3 是金属化纤维素经过不同热处理后 XRD 表征图谱。图 8-3（a）是未经过高温处理的金属化纤维素 XRD 图谱，图中出现了典型的金属 Ni 的衍射峰，经过 100 ℃热处理后的金属化纤维素衍射峰没有明显变化，如图 8-3（b）所示。然而，金属化纤维素经过 300~500 ℃高温热处理后，金属化纤维素的衍射峰发生明显改变，如图 8-3（b）与图 8-3（c）所示，其 XRD 图谱中出现较多 Ni_3P 衍射峰，衍射峰变得窄而尖。该现象表明，在升温过程中，金属化纤维素镀层的组织结构发生了变化。晶化过程中会出现中间相 Ni_xP_y[123]，晶化的最终产物是晶体 Ni 和 Ni_3P 的混合物。此外，400 ℃高温处理后的金属化纤维素，Ni（111）、Ni（220）、Ni（200）晶面处的衍射峰强度明显变得更加尖锐，衍射峰半峰宽明显增加，该变化进一步证明了高温热处理有利于改善镀层晶型结构。以上分析为金属化纤维素的实际应用提供了很好的理论依据。

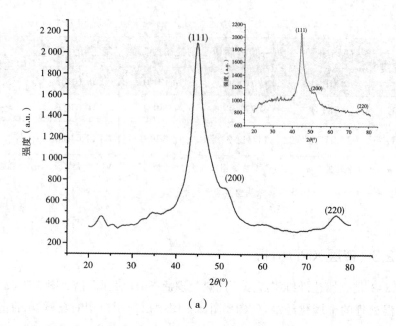

（a）

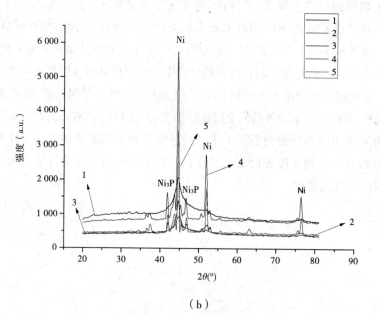

（b）

图 8-3　不同热处理对金属化纤维素晶态结构的影响

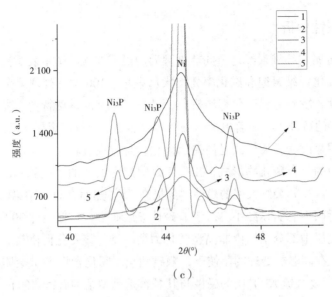

图 8-3　不同热处理对金属化纤维素晶态结构的影响（续）

图（a）未经高温处理，嵌入图是经过 100 ℃处理；图（b）经过 100 ℃、200 ℃、300 ℃、400 ℃、500 ℃热处理；图（c）是（b）图局部放大，图（b）与图 c 中 1~5 依次是 100 ℃、200 ℃、300 ℃、400 ℃、500℃热处理曲线

　　通过软件 Jade.5 对 XRD 图进行平滑、寻峰和编辑，化学镀 Ni 层的晶粒尺寸为 4.7~26.8 nm（见表 8-4）。高温处理会细化镀层中晶粒尺寸，镀层结构不会改变，仅仅是镀层中 Ni 与 P 相之间发生了转变。此外，晶粒尺寸随着热处理温度的升高先增大后较小。

表 8-4　金属化纤维素XRD图谱积分宽度值与（111）处的晶粒大小

热处理温度	积分宽度值	粒　径
	β(rad)	D(Å)
100 ℃	1.854	47
200 ℃	1.763	49
300 ℃	0.358	249
400 ℃	0.292	313
500 ℃	0.337	268

8.2.4 磁性分析

图 8-4 是金属化纤维素经过不同热处理后的磁滞曲线，图中表明随着处理温度的升高，金属化纤维素饱和磁化率先增大后减小，100 ℃热处理后金属化纤维素饱和磁化强度、矫顽力和磁化率均较小，具备了很好的软磁特性。高温热处理的金属化纤维素的矫顽力有显著提高，表明高温热处理会提高金属化纤维素磁性，镀层晶型发生明显改变。镀层经过高温热处理，其磁性有较大改变，主要由于热处理会使镀层中的 P 以磷化物形式析出，于是镀层中的 P 的含量降低，镀层进而转化为铁磁相金属 Ni，最终镀层的磁性得到提高。[123] 然而，300 ℃高温热处理后，金属化纤维素矫顽力有明显减小。对于非磁性镀层而言，一般经过 300~400 ℃高温热处理后，镀层中部分结构由非晶型转化为微晶型，该变化促使其产生了弱磁性。究其原因，在高温热处理的驱使下，顺磁性金属间化合物 Ni_3P 会阻止磁畴壁的运动。[102] 化学复合镀 Ni-P 层的磁性与其是否是晶型结构有密切的相关性。[102] 一般而言，晶型结构镀层具备强磁性，而非晶型结构镀层基本上不会表现出磁性。由上述分析可知，经过 400 ℃处理得到的金属化纤维素晶型较好，倘若需要该材料保持良好磁性，选择 400 ℃热处理较为合理。

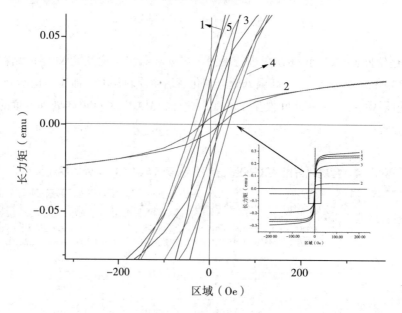

图 8-4　不同热处理温度与金属化纤维素磁性之间的关系

图中 1~5 依次是 100℃、200℃、300℃、400℃、500℃处理；1~5 磁性测试质量依次为 30.8 mg、4.5 mg、9.0 mg、10.3 mg、10.5 mg

表 8-5 表明随着热处理温度的升高，材料剩磁先增大后减小，400 ℃处理材料，其剩磁、饱和磁化强度与矫顽力均会达到最大，该结果进一步表明此温度下处理的金属化纤维素具备良好的磁性特质，利于制备永磁体。300~400 ℃热处理的金属化纤维素饱和磁化强度与矫顽力有明显改变，数值上较其他温度处理的金属化纤维素更大，表明 300~400 ℃热处理金属化纤维素，其镀层的晶型结构会发生较大改变，镀层发生剧烈收缩（富磷相转变为 Ni₃P）[123]，此结果很好地证明了 XRD 分析结果的正确与合理性。

表 8-5　不同温度下材料饱和磁化强度与矫顽力

参　　数	热处理温度 (℃)				
	100	200	300	400	500
Ms（emu·g⁻¹）	9.52	9.66	21.56	25.77	24.38
Mr（emu·g⁻¹）	0.81	0.84	1.05	3.30	1.62
Hc(Oe)	18	20	15	41	24

8.3　小结

（1）经过 100 ℃、200 ℃热处理的金属化纤维素，其热重曲线在 110 ℃左右出现了轻微的水分脱出峰，主要热解反应均发生在 290~450 ℃，最大失重速率发生在 345 ℃左右，热重失重比分别为 4.54%、5.60%。经过 300 ℃热处理的金属化纤维素，其表面的水分已经基本蒸发殆尽，部分纤维素被碳化，水分脱出峰、纤维素热解反应的峰值变化程度较小，只有金属间化合物的析出以及非晶态相消失所造成的吸收峰依旧明显。

（2）经过 300~500 ℃热处理的金属化纤维素，其 XRD 衍射峰强度变化明显，其 XRD 图出现较多 Ni₃P 衍射峰。在升温过程中，金属化纤维素镀层的相结构发生了变化，晶化的最终产物是晶体 Ni 和 Ni₃P 的混合物。镀层的晶粒尺寸为 4.7~26.8 nm。高温热处理会细化镀层晶粒尺寸，改善镀层晶型结构。

（3）镀层经过高温热处理，其磁性有较大的变化。热处理会使镀层中的 P 以磷化物形式析出，于是镀层中的 P 的含量降低，进而形成铁磁相金属 Ni，最终镀层的磁性得到提高。经过 400 ℃热处理的金属化纤维素，其晶型较好，剩磁、饱和磁化强度与矫顽力均会达到最大。300~400 ℃温度热处理的金属化纤维素为饱和磁化强度与矫顽力有明显改变，数值上较其他温度处理的金属化纤维素更大，镀层的晶型结构发生了较大变化，镀层发生了剧烈收缩。

9 微／纳米纤维素基 Ni/NiO-TiO₂ 中空复合材料热处理

9.1 煅烧升温速率对 Ni/NiO-TiO₂ 复合材料表面形貌的影响

图 9-1 是 Ni/NiO-TiO₂ 复合材料经过不同升温速率复合煅烧处理后的形貌图。

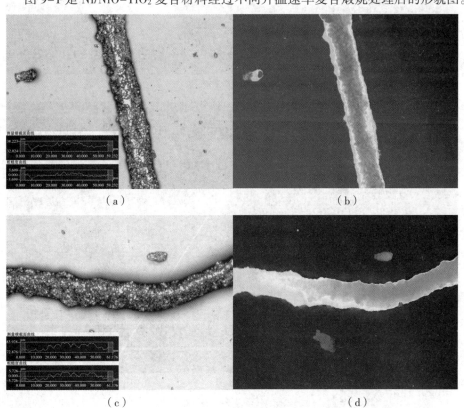

（a）　　　　　　　　　　　（b）

（c）　　　　　　　　　　　（d）

图 9-1　Ni/NiO-TiO₂ 复合材料表面化学镀 Ni 形貌

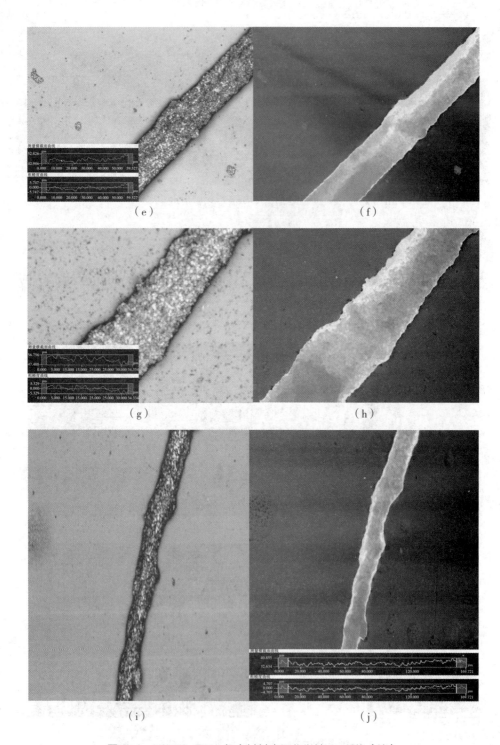

图 9-1　Ni/NiO-TiO₂ 复合材料表面化学镀 Ni 形貌（续）

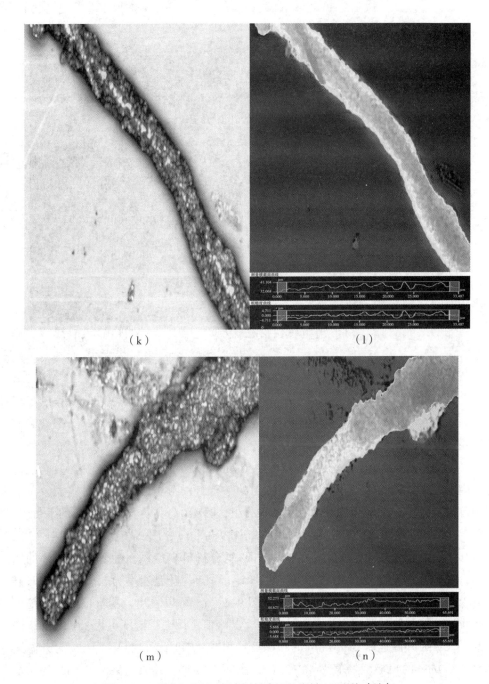

（k）　　　　　　　　　　　（l）

（m）　　　　　　　　　　　（n）

图9-1　Ni/NiO-TiO₂复合材料表面化学镀 Ni 形貌（续）

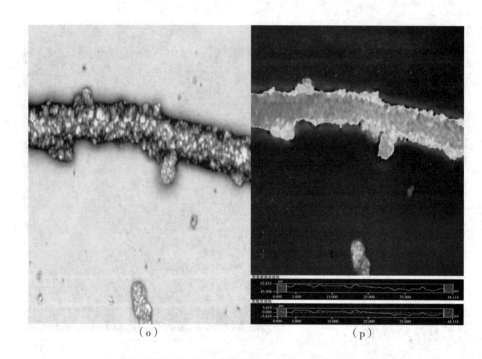

（o）　　　　　　　　　　　　　　　　　　　　　　（p）

图 9-1　Ni/NiO-TiO₂ 复合材料表面化学镀 Ni 形貌（续）

　　图 9-1（a）是升温速率为 5 ℃/min 的 Ni/NiO-TiO₂ 复合材料复合煅烧表面形貌图，图 9-1（c）是升温速率为 6 ℃/min 的 Ni/NiO-TiO₂ 复合材料复合煅烧表面形貌图，图 9-1（e）是升温速率为 7 ℃/min 的 Ni/NiO-TiO₂ 复合材料复合煅烧表面形貌图，图 9-1（g）是升温速率为 8 ℃/min 的 Ni/NiO-TiO₂ 复合材料复合煅烧表面形貌图，图 9-1（i）为图 9-1（a）的平行组，图 9-1（k）为图 9-1（c）的平行组，图 9-1（m）为图 9-1（e）的平行组，图 9-1（o）为图 9-1（g）的平行组。图 9-1（b）、图 9-1（d）、图 9-1（f）、图 9-1（h）、图 9-1（j）、图 9-1（l）、图 9-1（n）及图 9-1（p）为 Ni/NiO-TiO₂ 复合材料高度图。随着升温速率的增加，复合材料粗糙度也随之上升。由图 9-1 可知，升温速率为 5 ℃/min 的时候 Ni/NiO-TiO₂ 复合材料粗糙度最小。从图 9-1（a）可以看出，测量得到的粗糙度曲线波动较其他升温速率波动较为平缓，其峰值（最大粗糙度）为 3.699 μm，图 9-1（c）为升温速率 6 ℃/min 的粗糙度峰值为 4.711 μm，图 9-1（e）为升温速率 7 ℃/min 的粗糙度峰值为 4.812 μm，图 9-1（g）为升温速率 8 ℃/min 的粗糙度峰值为 5.584 μm。通过数据分析可以得出结论，当升温速率为 5 ℃/min，Ni/NiO-TiO₂ 复合材料粗糙度峰值小于其他升温速率的粗糙度峰值。而高温煅烧之前，因为两次进行化学镀 Ni 的过程中，碱 - 硫脲环境使木质纤维素基本被分解，得到

了表面粗糙度较好的 Ni/NiO-TiO₂ 复合材料。表 9-1 为 Ni-NiO/TiO₂ 复合材料镀层表面粗糙度。

表9-1　Ni-NiO/TiO₂复合材料镀层表面粗糙度

类型	(a)	(c)	(e)	(g)	(i)	(k)	(m)	(o)
Ra(μm)	0.859	2.114	1.529	2.281	1.202	1.649	1.960	2.107

9.2　热处理温度对于 Ni/NiO-TiO₂ 复合材料表面糙度的影响

　　图 9-2 是不同热处理温度在相同煅烧时间（6 h）的 Ni/NiO-TiO₂ 复合材料的粗糙度形貌。图 9-2（a）表明，煅烧温度为 300 ℃时，经过 6 h 的热处理，纤维素表面镀覆一层致密的金属薄膜，镀层均匀，粗糙度变化比较小，基于激光图谱的角度验证了金属化木质纤维素经过 300 ℃的热处理，其表面粗糙度较小；图 9-2（c）表明，煅烧温度为 400 ℃时，经过 6 h 的热处理，其镀层表面凹凸不平，纤维素直径变大且长度长，粗糙度突然变得非常大，其值为 8.568 6 μm；图 9-2（d）从激光的角度验证了经过 400 ℃的热处理，其表面粗糙度非常大；图 9-2（e）表明，煅烧温度为 500 ℃时，经过 6 h 的热处理，其镀层表面变得比较平滑，纤维素笔直，粗糙度开始逐渐减小，图 9-2（f）从激光的角度验证了金属化纤维素经过 500 ℃的热处理，其表面粗糙度减小；图 9-2（g）表明，煅烧温度为 600 ℃的金属化纤维素经过 6 h 的热处理，其镀层表面凸起减少了，纤维素长度短且直径小，粗糙度变得非常小，其值为 1.554 μm；图 9-2（h）从激光的角度验证了金属化纤维素经过 600 ℃的热处理，其表面粗糙度变得非常小；图 9-2（i）表明，煅烧温度为 700 ℃的金属化纤维素经过 6 h 的热处理，其两端直径不同，表面不光滑，粗糙度变大；图 9-2（j）从激光的角度验证了金属化纤维素经过 700 ℃的热处理，其表面粗糙度变得非常大。分析上述数据初步判断出，经过热处理 6 h，加热温度为 600 ℃时，其表面粗糙度最小。

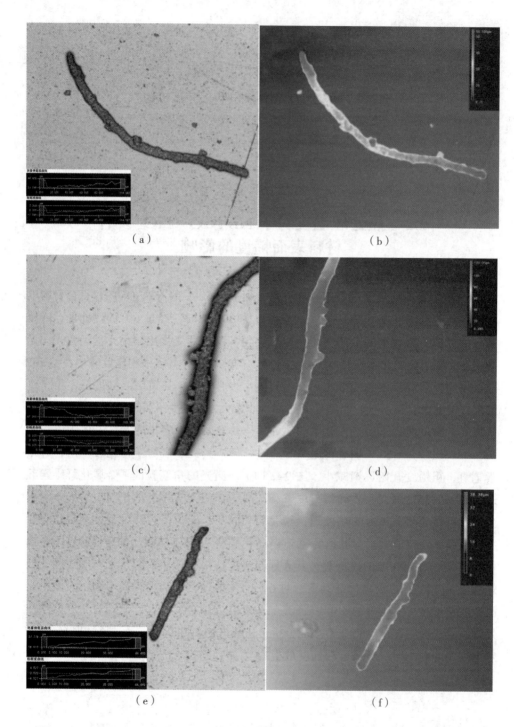

图9-2　不同热处理温度相同煅烧时间（6 h）的 Ni/NiO-TiO₂ 复合材料的粗糙度及形貌

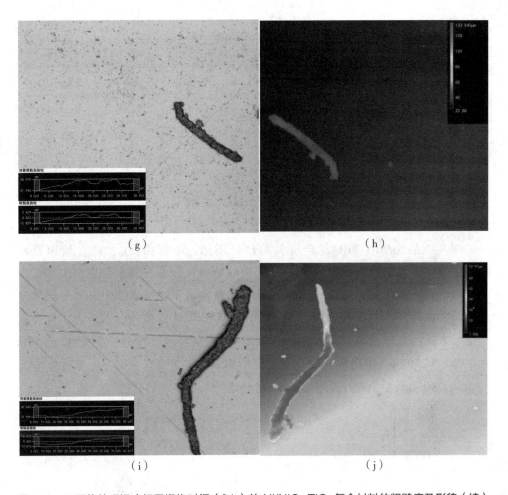

（g）　　　　　　　　　　　　　　　（h）

（i）　　　　　　　　　　　　　　　（j）

图9-2　不同热处理温度相同煅烧时间（6 h）的Ni/NiO-TiO₂复合材料的粗糙度及形貌（续）

（a）热处理 300 ℃纤维素；（b）热处理 300 ℃激光高度图；（c）热处理 400 ℃纤维素；
（d）热处理 400 ℃激光高度图；（e）热处理 500 ℃纤维素；（f）热处理 500 ℃激光高度图；
（g）热处理 600 ℃纤维素；（h）热处理 600 ℃激光高度图；（i）热处理 700 ℃纤维素；
（j）热处理 700 ℃激光高度图

表9-2　不同热处理温度相同煅烧时间（6 h）的Ni/NiO-TiO₂复合材料的粗糙度

温度（℃）	表面粗糙度（μm）					平均值（μm）
300	4.665	1.987	3.777	2.930	2.738	3.219 4
400	6.385	10.848	13.605	4.914	7.091	8.568 6

续 表

温度（℃）	表面粗糙度（μm）					平均值（μm）
500	2.967	2.287	1.951	0.783	2.063	2.010 2
600	1.798	2.391	0.703	0.878	2.000	1.554 0
700	3.968	7.987	2.870	6.574	8.100	4.285 0

9.3　FT-IR 分析

图 9-3 是 Ni/NiO-TiO$_2$ 复合材料的红外图谱。依据曲线 a，可自然地观察出，木质纤维素表面金属化材料的特征吸收峰强比较小，几乎接近消失，特别是木质纤维素特征峰——指纹区吸收峰的消失。基于纤维素活化以及金属化过程中碱溶液作用于纤维素表面，在 1 000~1 500 cm^{-1} 中吸收峰会加强，主要是由纤维素之间的氢键断裂，纤维素间距加大，其表面羟基裸露出来造成的。曲线 b 在 3 000~3 250 cm^{-1} 中出现宽峰，这是纤维素表面的羟基（-OH）收缩吸收峰及 1 500~1 750 cm^{-1} 中出现纤维素 C-O-C 吸收峰。

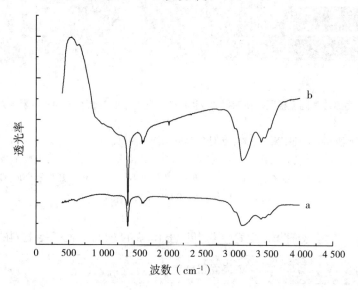

图9-3　复合材料的红外分析图

曲线 a——金属化纤维素；曲线 b——热处理的复合材料

9.4 拉曼光谱分析

图 9-4 是金属化纤维素拉曼光谱图。图 9-4 在 140 cm⁻¹ 附近出现了一个典型的强峰，这个强峰为锐钛矿型 TiO₂[172]，证明了化学镀 Ni 木质纤维素与 TBOT 的复合煅烧可以制备理想的锐钛矿型 TiO₂。图 9-4 在 600 cm⁻¹ 附近出现的中强峰为 Ni 的特征峰，是本次实验的主要元素。在 1 200 cm⁻¹ 附近出现的一个较弱峰检测到的是 C，验证了复合材料中木质纤维素的存在。

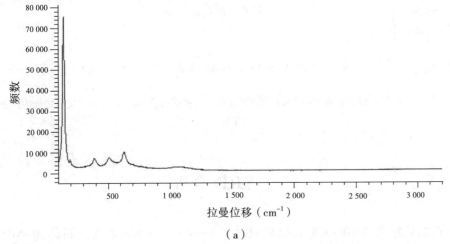

（a）

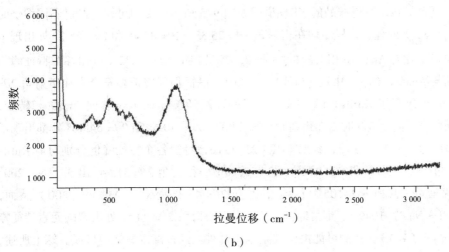

（b）

图 9-4 Ni/NiO-TiO₂ 复合材料拉曼光谱图

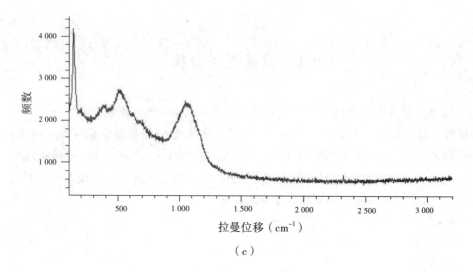

（c）

图 9-4 Ni/NiO–TiO₂ 复合材料拉曼光谱图（续）

（a）1 次复合煅烧的拉曼峰值图；（b）两次复合煅烧的拉曼峰值图；（c）3 次复合煅
烧的拉曼峰值图

9.5 XRD 分析

在煅烧温度为 600 ℃时，以煅烧时间（4~8 h）为单因素变量制备 Ni–NiO/TiO₂ 复合材料，所得样品的 XRD 谱图如图 9-5 所示。由图可知，经过不同煅烧时间（4~8 h）处理后，样品均在衍射角 $2\theta= 25.3°$、$2\theta= 37.4°$ 和 $2\theta= 55.2°$ 处出现了不同强度且与 Anatase 相对应的特征峰，参照 PDF：21–1272，可知各个特征峰值分别与 Anatase 的（101）、（004）和（201）晶面衍射峰值相符合。在衍射角 $2\theta= 54.06°$ 均出现了 Rutile，随着煅烧时间的逐渐延长，Anatase 相向 Rutile 相转变，直到煅烧时间为 8 h 时，在衍射角 $2\theta= 27.3°$、$2\theta= 40.6°$ 和 $2\theta= 54.06°$ 处都出现了明显的 Rutile 的特征峰，参照 PDF：21–1276，可知各个特征峰值分别对应 Rutile 的（110）、（111）和（211）晶面。与此同时，衍射角 $2\theta= 51.64°$ 出现了 Ni（200）的特征峰（JCPDS 3–1051）；当衍射角 $2\theta= 43.3°$ 处对应 NiO 的（200）晶面，（JCPDS No.47–1049），煅烧时间为 5 h 时，衍射角 $2\theta= 44.5°$ 处出现碳元素特征峰（PDF 46–0944），猜测可能由于残余木质纤维素经过高温煅烧而形成。综上所述，图 9-5 所示结果充分说明了所制备的中空纳米复合材料主要由 TiO₂、Ni 和 NiO 组成，与之前的研究结果相符合。

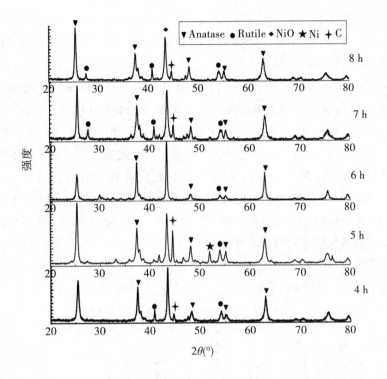

图 9-5　Ni-NiO/TiO$_2$ 复合材料在不同煅烧时间下的 XRD 谱图 (4~8 h)

不同煅烧时间处理的锐钛矿的（101）晶面的半峰宽和计算晶粒尺寸如表 9-3 所示。

表9-3　不同煅烧时间处理的锐钛矿的(101)晶面的半峰宽和计算晶粒尺寸表

煅烧时间（h）	4	5	6	7	8
半峰宽（rad）	0.409	0.365	0.380	0.319	0.334
晶粒尺寸（Å）	221	250	239	289	275

由表 9-3 可以看出，经过不同煅烧时间处理的样品的半峰宽和晶粒尺寸没有明显的区别，说明相较煅烧温度的影响，煅烧时间对晶粒的影响要弱。在煅烧时间为 7 h 时，晶粒的半峰宽和尺寸最优，分别为 0.319 nm 和 28.9 nm。

在不同煅烧温度下处理 5 h 的样品的 XRD 图谱如图 9-6 所示。由图 9-6 可看出，所得样品在衍射角 2θ= 25.3° 处均出现了 Anatase（101）晶面的衍射峰（PDF：21-1272）；随着煅烧温度的升高，在 2θ= 37.2° 处的峰型变得越来越尖锐，说明有稳定的晶型结构产生，对照 PDF:21-1272 可知为 Anatase 的（004）；此外，在煅烧温度大于 300 ℃以后，衍射角 $2\theta=47.9°$、$2\theta=55.4°$ 和 $2\theta=62.8°$ 时分别出现了不同强度的特征峰，参照 PDF:21-1272 可知特征峰值分别对应 Anatase（200）、（201）和（204）晶面。[173,174] 由图 9-6 可以看出，只有在煅烧温度为 700 ℃时，$2\theta=27.4°$ 才出现了明显的 Rutile（110）晶面的衍射峰 PDF:21-1276；当煅烧温度达到 700 ℃时 Anatase 的衍射峰值明显减弱甚至消失而 Rutile 明显增强，说明随着温度上升，Anatase 逐渐向 Rutile 转变。除上述现象外，在不同煅烧温度下，各个样品均在 $2\theta=51.9°$ 和 $2\theta=43.16°$ 处出现了 Ni 的（200）（JCPDS 3-1051）和 NiO 的（200）（JCPDS No.47-1049）的特征峰。当煅烧温度为 600 ℃和 700 ℃时，$2\theta=32.9°$ 和 $2\theta=44.36°$ 处出现了碳元素特征峰（PDF 46-0944），推测原因可能是，在木质纤维素化学镀处理过程中，中空结构中残余的木质纤维素在经过高温煅烧后形成了碳。综上所述，图 9-6 所示结果充分说明了所制备的中空纳米复合材料主要由 TiO_2、Ni 和 NiO 组成。

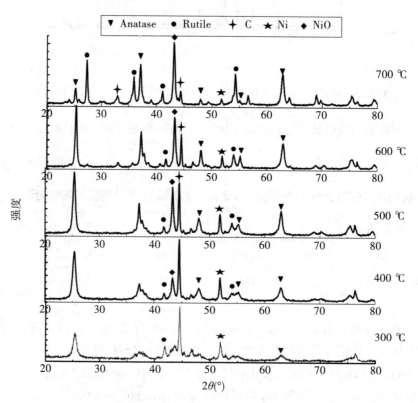

图 9-6　复合材料在不同煅烧温度下的 XRD 谱图（300~700 ℃）

XRD 测试得到的从 20° 到 80° 衍射峰的数据使用 MDI Jade 5.0 软件进行处理分析。选用 Anatase（101）晶面的晶型特征作为依据，其半峰宽和晶粒尺寸如表9-4 所示。其中，平均晶粒尺寸使用谢乐方程计算：$D = K\lambda/(\beta\cos\theta)$。式中：$\lambda$ 为入射 X 射线波长，取 0.154 1 nm；K 为谢乐常数，取 0.89；θ 为衍射角；β 为衍射峰的半高峰宽（rad）。

表9-4　不同煅烧温度处理的锐钛矿的(101)晶面的半峰宽和计算晶粒尺寸表

煅烧温度（℃）	300	400	500	600	700
半峰宽（rad）	0.655	0.645	0.566	0.422	0.455
晶粒尺寸（Å）	135	137	157	214	197

由表 9-4 可以看出，半峰宽随着煅烧温度的增加呈现先减小后增大的趋势，当煅烧温度为 600 ℃时，半峰宽最小为 0.422 rad。由于半峰宽值与晶粒的大小有着直接关系，半峰宽越宽，晶粒粒度就越小，说明晶粒的生长越不好，所以由半峰宽值可以看出，煅烧温度在 600 ℃时所形成的晶粒晶体生长最好。

9.6　光催化分析

为了探究不同煅烧时间对 Ni-NiO/TiO₂ 复合材料紫外 - 可见漫反射吸收光谱的影响，对纯 TiO₂ 和经不同煅烧时间处理样品的 UV-Vis 漫反射吸收光谱进行了分析。结果如图 9-7 所示，样品的吸收波长主要集中在 250~350 nm，并且在 350 nm 左右急剧下降，最终达到吸收极限。在 250~350 nm 范围内，3 h、6 h、7 h 和 8 h 处理的样品吸光度均小于纯 TiO₂ 和经 600 ℃、5 h 处理的样品，并且经 5 h 煅烧处理的样品相对于纯 TiO₂ 对光的吸收强度有明显提高。另外，纯 TiO₂ 在可见光波长范围内吸光度为零，相反，Ni-NiO/TiO₂ 复合材料在可见光波长范围内均有不同程度的吸收，说明经过不同煅烧时间的处理，样品的吸收波长均发生红移，进一步说明煅烧时间为 5 h 时，Ni-NiO/TiO₂ 复合材料不但对紫外光区域有了较强的吸收能力，而且吸收带边向可见光区域转移，为更加有效的太阳光利用提供了可能。各样品的吸收阈值（λ_g）决定于禁带宽度（E_g），并采用公式 $E_g(\text{eV}) = 1\,240/\lambda_g(\text{nm})$ 来算出样品的有效禁带宽度（带隙）。[175] 计算结果如表 9-5 所示。实验结果表明，样品吸收光谱的 λ_g 红移最大值约为 53 nm，E_g 的最小值为 2.62 eV，相比纯 TiO₂ 有较大改善。

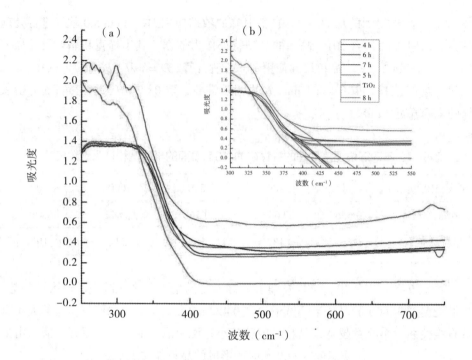

图 9-7　不同煅烧温度时间（4~8 h）的 Ni-NiO/TiO₂ 复合材料和纯 TiO₂ 的 UV-vis 漫反射
吸收光谱

表 9-5　不同煅烧温度时间 (4~8 h) 的 Ni-NiO/TiO₂ 复合材料和纯 TiO₂ 的计算出的吸收阈值 (λ_g)
和禁带宽度 (E_g) 表

煅 烧 时 间 (h)	4	5	6	7	8	纯 TiO₂
λ_g(nm)	436.27	473.14	443.01	440.35	425.25	420.60
E_g(eV)	2.84	2.62	2.80	2.82	2.92	2.95

　　图 9-8 为以煅烧时间为单因素变量制备的复合材料对 MB 的降解效率的对比
图，由图可以看出，改变煅烧时间并没有对其光催化性能产生明显影响，当煅烧
时间为 5 h 时，MB 的降解效率最大，最大值为 88.356%。当煅烧温度不变时，复
合材料 XRD 图谱显示晶型结构并无明显变化；虽然吸收光谱显示，经不同煅烧时
间处理的样品均发生红移，但是红移的波长范围值相近；经不同煅烧时间处理，
样品的光催化性能亦无明显区别，进一步说明了 TiO₂ 光催化材料的光催化性能与

其晶型结构有着紧密联系。

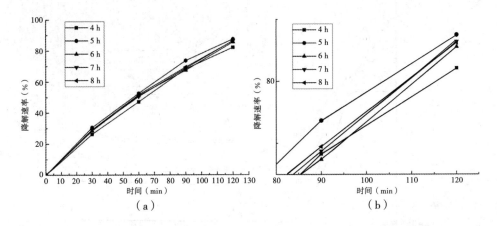

图 9-8　不同煅烧时间对复合材料对 MB（亚甲基蓝）的光催化降解效率的影响

　　为研究不同煅烧温度对 Ni-NiO/TiO$_2$ 复合材料的吸收光谱的影响，对纯 TiO$_2$ 和经不同煅烧温度处理的试样的 UV-Vis 漫反射吸收光谱进行了分析。如图 9-9 所示，样品的吸收波长主要集中在 250~350 nm，并且在 350 nm 左右急剧下降。在 250~350 nm 范围内，300~400 ℃处理的样品对光的吸收强度小于纯 TiO$_2$，但经过 600 ℃煅烧处理的样品较 TiO$_2$ 对光的吸收强度有明显提高。纯 TiO$_2$ 在可见光波长范围内吸光度为零，但 Ni-NiO/TiO$_2$ 复合材料在可见光波长范围内普遍有不同程度的吸收，说明经过不同煅烧温度处理的样品的吸收波长均发生了红移，这种现象可以用能级理论解释。Ni 掺杂在 TiO$_2$ 的禁带中间位置形成杂质能级，新形成的杂质能级使价带中的 e$^-$ 只需吸收较小能量的光子，跃迁到杂质能级后，只需要较小的能量就可以跃迁到倒带中。由价带跃迁到倒带所需的能量减小，TiO$_2$ 就能够吸收波长较长的光子，最终吸收阈值拓宽到可见光范围内，就可提高光催化剂对太阳光的吸收利用率。如图 9-9（b）所示，利用切线法（在复合材料和纯 TiO$_2$ 的吸收带边的拐点处做切线）估算光催化剂的吸收阈值 λ_g，并采用公式 E_g（eV）=1 240/λ_g (nm) 来算出样品的有效禁带宽度 (带隙)。[175] 计算出的吸收阈值 λ_g 和禁带宽度 E_g 列于表 9-6 中。实验结果表明，样品吸收光谱的阈值波长红移最大值约为 66 nm，带隙的最小值为 2.55 eV。减少的带隙提供了该复合材料在可见光下使用的可能。

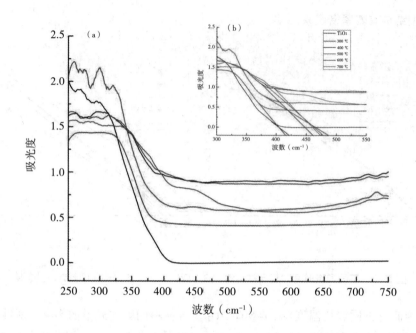

图 9-9　经过不同煅烧温度 (300~700 ℃) 处理的 Ni-NiO/TiO₂ 复合材料和纯 TiO₂ 的紫外 - 可见漫反射吸收光谱图谱

表9-6　计算出的样品的吸收阈值(λ_g)和禁带宽度(E_g)表

样品	300 ℃	400 ℃	500 ℃	600 ℃	700 ℃	Pure TiO₂
λ_g(nm)	415.19	461.50	477.98	486.34	474.59	420.20
E_g(eV)	2.99	2.69	2.59	2.55	2.61	2.95

　　由图 9-10 可知，当制备条件煅烧温度为 600 ℃、煅烧时间为 5 h 时，复合材料对 MB 的降解效率最大，最大值为 87.425%。随着煅烧温度升高，复合材料对 MB 的降解率先增大后减小，与其 UV 测试的结果相符合，说明 p-n 异质结的形成，增大了复合材料在紫外光范围内的响应强度的同时，也提高了复合材料的光催化性能。煅烧温度在 300 ℃和 400 ℃时，复合材料的光催化性能远低于其他煅烧温度处理的样品，在较低的煅烧温度下，TiO₂ 的晶型结构还未完全形成，复合材料基本不具备光催化性能，MB 的降解基本可归因于多孔材料的优良吸附性能。

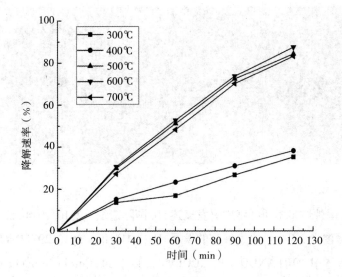

图 9-10 不同煅烧温度对复合材料对 MB（亚甲基蓝）的光催化降解效率的影响

参考文献

[1] 范金石 . 国外纳米木质纤维素研发概述 [J]. 国际造纸，2010, 29 (4): 65–70.

[2] 刘文，蒲俊文 . 再生纤维素纤维的发展 [J]. 中国造纸，2010, 29 (11): 65–69.

[3] MARTIN A H, ORLANDO J R, LUCIAN A L, et al. Celulosic nanocomposites: a review[J]. Bioresources, 2008, 3 (3): 929–980.

[4] ADRIANA S, ISABELLE H, DAVID C A,et al. Structural details of crystalline cellulose from higher plants[J]. Biomacromolecules, 2004, 5(4): 1333–1339.

[5] 李亚斌 . 沙柳纤维素 – 二氧化钛复合材料的制备及性能研究 [D]. 呼和浩特 : 内蒙古农业大学，2015.

[6] 高洁 , 汤烈贵 . 纤维素科学 [M]. 北京 : 科学出版社 , 1996.

[7] ZUGENMAIER P. Conformation and packing of various crystalline cellulose fibers[J]. Progress in Polymer Science，2001, 26(9):1341–1417.

[8] GRAY D G. Chiral nematic ordering of polysaccharides[J]. Carbohydrate Polymers, 1994, 25(4):277–284.

[9] REVOL J F, GODBOUT L, DONG X M, et al. Chiral nematic suspensions of cellulose crystallites; phase separation and magnetic field orientation[J]. Liquid Crystals, 1994, 16(1):127–134.

[10] BERCEA M, NAVARD P. Shear dynamics of aqueous suspensions of cellulose whiskers[J]. Macromolecules, 2000, 33(16):6011–6016.

[11] BECK–CANDANEDO S, ROMAN M, GRAY D G. Effect of reaction conditions on the properties and behavior of wood cellulose nanocrystal suspensions[J]. Biomacromolecules, 2005, 6(2):1048–1054.

[12] DONG X M, KIMURA T, REVOL J F, et al. Effects of ionic strength on the isotropic–chiral nematic phase transition of suspensions of cellulose crystallites[J]. Langmuir, 1996, 12(8):2076–2082.

[13] DONG X M, REVOL J F, GRAY D G. Effect of microcrystallite preparation conditions on the formation of colloid crystals of cellulose [J]. Cellulose, 1998, 5(1):19–32.

[14] 王能 , 丁恩勇 . 酸碱处理后纳米微晶纤维素的热行为分析 [J]. 高分子学报 , 2004, (6): 925–928.

[15] IWAMOTO S, NAKAGAITO A N, YANO H, et al. Optically transparent composites reinforced with plant fiber–based nanofibers[J]. Applied Physics A, 2005, 81(6): 1109–1112.

[16] ALAIN D, JEAN Y C, MICHEL R V. Mechanical behavior of sheets prepared from sugar beet cellulose microfibrils[J]. Journal of Applied Polymer Science, 1997, 64(6): 1185–1194.

[17] 孔祥依 , 乔妙杰 , 张存瑞 , 等 . 碳纤维表面化学镀电磁屏蔽复合材料的研究进展 [J]. 材料导报 , 2010, 24(22):356–359.

[18] 李一 , 聂俊辉 , 李楠 , 等 . 镍覆膜碳纤维的制备与性能研究 [J]. 功能材料 , 2012, 43(13):1688–1691, 1695.

[19] 陈建山 , 谭惠平 , 张文军 , 等 . 涂层法制备镍纤维 [J]. 现代化工 , 2005, 25(4):36–38, 42.

[20] 吕晓轩 , 吕春祥 , 杨禹 , 等 . 碳纤维表面电镀镍研究 [J]. 化工新型材料 , 2011, 39(8): 89–91.

[21] SANCHEZ M, RAMS J, URENA A. Oxidation mechanisms of copper and nickel coated carbon fibers[J]. Oxidation of Metals, 2008, 69:327–341.

[22] HUA Z S, LIU Y H, YAO G C, et al. Preparation and characterization of nickel–coated carbon fibers by electroplating[J]. Journal of Materials Engineering and Perfromance, 2012, 21(3):324–330.

[23] 叶伟 , 徐刘碗 , 严仁杰 , 等 . 碳纤维金属化镀镍的研究进展 [J]. 科技视界 , 2015, (13): 8–10.

[24] 侯伟 , 潘功配 , 关华 , 等 . 碳纤维化学镀镍工艺参数的优化研究 [J]. 热加工工艺 , 2007, 36(12): 42–44, 48.

参考文献

[25] Pan Y F, Huang J T, Wang X. Preparation and characterization of micro or nano cellulose fibers via electroless Ni–P composite coatings[J]. Proceedings of the Institution of Mechanical Engineers, Part N: Journal of Nanoengineering and Nanosystems, 2015,(4)230.

[26] HU J, CHEN M, FANG X, et al. Fabrication and application of inorganic hollow spheres[J]. Chemical Society Reviews, 2011, 40(11): 5472–5491.

[27] 乐园, 陈建峰, 汪文川. 空心微球型纳米结构材料的制备及应用进展 [J]. 化工进展, 2004, 23(6): 595–599.

[28] ZHU Y F, SHI J L, SHEN W H, et al. Stimuli–responsive controlled drug release from a hollow mesoporous silica sphere/polyelectrolyte multilayer core–shell structure[J]. Angewandte Chemie–International Edition, 2005, 44(32): 5083–5087.

[29] LU Z Y, QIN Y Q, FANG J Y, et al. Monodisperse magnetizable silica composite particles from heteroaggregate of carboxylic polystyrene latex and Fe3O4 nanoparticles[J]. Nanotechnology, 2008, 19(5): 1–5.

[30] Zhu Y F, Shi J L, Dong X P, et al. A facile method to synthesize novel hollow mesoporous silica spheres and advanced storage property[J]. Microporous and Mesoporous Materials, 2005, 84(1–3): 218–222.

[31] Yang X L, Yao K, Zhu Y H. Fabrication and sustained release property of nanostructured hollow silica microspheres [J]. Journal of Inorganic Materials, 2005, 20 (6): 1403–1408.

[32] Yuan J K, Laubernds K, Zhang Q, et al. Self–assembly of microporous manganese oxide octahedral molecular sieve hexagonal flakes into mesoporous hollow nanospheres [J]. Journal of the American Chemical Society, 2003, 125(17): 4966–4967.

[33] Wang J X, Chen J F. Development of a simple method for the preparation of novel egg–shell type Pt catalysts using hollow silica nanostructures as supporting precursors [J]. Materials Research Bulletin, 2008, 43(4): 889–896.

[34] MORGAN M T, CARNAHAN M A, IMMOOS C E. Dendritic molecular capsules for hydrophobic compounds[J]. Journal of the American Chemical Society, 2003,125(50): 15485–15489.

[35] PU H T, JIANG F J, YANG Z L. Preparation and properties of soft magnetic particles based on Fe_3O_4 and hollow polystyrene microsphere composite[J]. Materials chemistry

and physics, 2006, 100(1): 10-14.

[36] MCKELVEY C A, KALER E W, ZASADZINSKI J A, et al. Templating hollow polymeric spheres from catanionic equilibrium vesicles: synthesis and characterization[J]. Langmuir, 2000, 16 (22): 8285-8290.

[37] YANG S, LIU H, ZHANG Z. Fabrication of novel multihollow superparamagnetic magnetite /polystyrene nanocomposite microspheres via water-in-oil-in-water double emulsions[J]. Langmuir, 2008, 24 (18): 10395-10401.

[38] BOMMEL K J C V, FRIGGERI A, SHINKAI S. Organic templates for the generation of inorganic materials[J]. Angewandte Chemie International Edition, 2003, 42(9): 980-999.

[39] PARK J Y, CHOI S W, KIM S S. A synthesis and sensing application of hollow ZnO nanofibers with uniform wall thicknesses grown using polymer templates[J]. Nanotechnology, 2010, 21(47):475601.

[40] 陈彰旭, 郑炳云, 李先学, 等. 模板法制备纳米材料研究进展 [J]. 化工进展, 2010, 29 (1): 94-98.

[41] LOU X W, ARCHER L A, YANG Z. Hollow micro-/nanostructures: synthesis and applications[J]. Advanced Materials, 2008, 20(21): 3987-4019.

[42] DECHER G, HONG J D. Build up of ultrathin multilayer films by a self-assembly process, 1 consecutive adsorption of anionic and cationic bipolar amphiphiles on charged surfaces[J]. Macromolecular Symposia, 1991, 46 (1): 321-327.

[43] CARUSO F, CARUSO R A, MOEHWALD H. Nanoengineering of inorganic and hybrid gollow spheres by colloidal templating[J]. Science, 1998, 282(5391): 1111-1114.

[44] ZELIKIN A N, LI Q, CARUSO F. Degradable polyelectrolyte capsules filled with oligonucleotide sequences[J]. Angewandte Chemie International Edition, 2006, 45(46): 7743-7745.

[45] LIU X Y, GAO C Y, SHEN J C, et al. Multilayer microcapsules as anti-cancer drug delivery vehicle: deposition, sustained release, and in vitro bioactivity[J]. Macromolecular Bioscience, 2005, 5 (12): 1209-1219.

[46] CARUSO R A, SUSHA A, CARUSO F. Multilayered titania, silica, and laponite nanoparticle coatings on polystyrene colloidal templates and resulting Inorganic Hollow

Spheres[J]. Chemistry of Materials, 2001, 13(2): 400–409.

[47] RHODES K H, DAVIS S A, CARUSO F, et al. Hierarchical Assembly of Zeolite Nanoparticles into Ordered Macroporous Monoliths Using Core–Shell Building Blocks [J]. Chemistry of Materials, 2000, 12 (10): 2832–2834.

[48] CHEN G C, KUO C Y, LU S Y. A General Process for Preparation of Core–Shell Particles of Complete and Smooth Shells[J]. Journal of the American Ceramic Society, 2005, Vol. (2): 277–283.

[49] CARUSO F, SHI X Y, CARUSO R A, et al. Hollow Titania Spheres from Layered Precursor Deposition on Sacrificial Colloidal Core Particles[J]. Advanced Materials, 2001, 13 (10): 740–744.

[50] MARTINEZ C J, HOCKEY B, MONTGOMERY C B, et al. Porous Tin Oxide Nanostructured Microspheres for Sensor Applications[J]. Langmuir, 2005, 21(17):7937–7944.

[51] WANG L Z, EBINA Y, TAKADA K, et al. Ultrathin hollow nanoshells of manganese oxide[J]. Chemical Communications, 2004 (9): 1074–1075.

[52] IMHOF A. Preparation and characterization of titania–coated polystyrene spheres and hollow titania shells[J]. Langmuir, 2001, 17 (12): 3579–3585.

[53] DENG Z, CHEN M, ZHOU S, et al. A novel method for the fabrication of monodisperse hollow silica spheres[J]. Langmuir, 2006, 22 (14): 6403–6407.

[54] CHENG X, CHEN M, WU L, et al. Novel and Facile Method for the Preparation of Monodispersed Titania Hollow Spheres[J]. Langmuir, 2006, 22 (8): 3858–3863.

[55] DENG Z, CHEN M, GU G, et al. A facile method to fabricate ZnO hollow spheres and their photocatalytic property[J]. Journal of Physical Chemistry B, 2008, 112 (1): 16–22.

[56] BAO J, LIANG Y, XU Z, et al. Facile Synthesis of Hollow Nickel Submicrometer Spheres[J]. Advanced Materials, 2003, 15 (21): 1832–1835.

[57] TAKUYA NAKASHIMA , NOBUO KINIZUKA. Interfacial Synthesis of Hollow TiO_2 Microspheres in Ionic Liquids[J]. Journal of the American Chemistry Society, 2003, 125 (21): 6386–6387.

[58] 殷海荣, 章春香, 刘立营. 超声化学制备纳米材料研究进展 [J]. 陶瓷, 2007, 11: 52–55.

[59] KAKINOUCHI K, ADACHI H, MATSUMURA H, et al. Effect of ultrasonic irradiation

on protein crystallization[J]. Journal of Crystal Growth, 2006, 292 (2): 437–440.

[60] WANG J, WANG Y F, GAO J, et al. Investigation on damage of BSA molecules under irradiation of low frequency ultrasound in the presence of Fe–III–tartrate complexes [J]. Ultrasonics Sonochemistry, 2009, 16(1): 41–49.

[61] AVIVI S, FELNER I, NOVIK I, et al. The preparation of magnetic proteinaceous microspheres using the sonochemical method[J]. Biochimica et Biophysica Acta, 2001, 1527 (3): 123–129.

[62] 刘翠娟, 杨治伟, 慎爱民. 超声化学的发展与应用 [J]. 佳木斯大学学报（自然科学版）, 2005, 23 (2): 273–277.

[63] 林仲茂. 声化学发展概况 [J]. 应用声学, 1993(1): 1–5.

[64] 宋波. 超声化学研究动向 [J]. 国外科技, 1990, (9): 24–27.

[65] MASON T J, LORIMER J P, 张光辉. 超声波化学导论 [J]. 世界科学, 1991 (3): 17–19.

[66] 包南, 马东, 尚贞晓, 等. 介孔纳米 TiO_2 的超声化学法合成及其表征 [J]. 环境化学, 2005, 24 (2): 150–152.

[67] 李春喜, 王子镐. 超声技术在纳米材料制备中的应用 [J]. 化学通报, 2001, (5): 268–272.

[68] 王娜, 李保庆. 超声催化反应的研究现状和发展趋势 [J]. 化学通报, 1999, (5): 26–32.

[69] 李海波, 官杰, 胡安广, 等. 纳米材料的制备方法 [J]. 松辽学刊: 自然科学版, 1993, (1): 19–24.

[70] WALTON D J, INIESTA J, MASON T J,et al. Sonoelectrochemical effects in electro–organic systems[J]. Ultrasonics Sonochemistry, 2003, 10 (4–5): 209–216.

[71] 陈喜蓉. 超声化学法制备纳米 α–Fe_2O_3 的研究 [D]. 南昌: 南昌大学, 2005.

[72] 卢小琳, 国伟林, 王西奎. 超声化学法制备无机纳米材料研究进展 [J]. 中国粉体技术, 2004, (1): 44–47.

[73] KOWSARI E. Sonochemically assisted synthesis and application of hollow spheres, hollow prism, and coralline–like ZnO nanophotocatalyst[J]. Journal of Nanoparticle Research, 2011, Vol. 13 (8): 3363–3376.

[74] 陈雪梅, 陈彩风, 陈志刚. 超声沉淀法制备纳米 Al_2O_3 粉体 [J]. 中国有色金属学报, 2003, 13 (1): 122–126.

[75] 吕维忠, 刘波. 超声波化学法合成纳米铁酸钴粉末 [J]. 电子元件与材料, 2007, 26 (3): 33–34.

[76] GEDANKEN A. Preparation and properties of proteinaceous microspheres made Sonochemically[J]. Chemistry–A European Journal, 2008. 14(13):3840–3853.

[77] AVIVI S, GEDANKEN A. The preparation of avidin microspheres using the sonochemical method and the interaction of the microspheres with biotin[J]. Ultrasonics sonochemistry, 2005, 12(5): 405–409.

[78] GRINBERG O, HAYUN M, SREDNI B, et al. Characterization and activity of sonochemically–prepared BSA microspheres containing Taxol–An anticancer drug[J]. Ultrasonics Sonochemistry, 2007, 14(5): 661–666.

[79] AVIVILEVI S, GEDANKEN A. Are sonochemically prepared α –amylase protein microspheres biologically active[J]. Ultrasonics Sonochemistry, 2007, 14(1): 1–5.

[80] HAN Yongsheng, RADZIUK D, SHCHUKIN D, et al. Stability and size dependence of protein microspheres prepared by ultrasonication[J]. Journal of Materials Chemistry, 2008, 18(42): 5162–5166.

[81] ENG X R, SHCHUKIN D G, M HWALD H. A novel drug carrier: lipophilic drug–loaded polyglutamate/polyelectrolyte nanocontainers[J]. Langmuir, 2008, 24(2): 383–389.

[82] TENG X R, SHCHUKIN D G, MHWALD H. Encapsulation of water–immiscible solvents in polyglutamate/ polyelectrolyte nanocontainers[J]. Advanced Functional Materials, 2007, 17(8): 1273–1278.

[83] HAN Y, RADZIUK D, SHCHUKIN D, et al. Sonochemical synthesis of magnetic protein container for targeted delivery[J]. Macromolecular Rapid Communications, 2008, 29(14): 1203–1207.

[84] YANG Libin, GE Xuewu, WANG Mozhen, et al. Preparation of polystyrene–encapsulated silver hollow spheres via self–assembly of latex particles at the emulsion droplet interface[J]. Materials Letters, 2008, 62 (3): 429–431.

[85] LIU Weijun, ZHANG Zhichen, HE Weidong, et al. Novel one–step route for synthesizing sub–micrometer PSt hollow spheres via redox interfacial–initiated method in inversed emulsion[J]. Materials Letters, 2007, 61 (13): 2818–2821.

[86] LI Y, WANG Z, KONG X, et al. Controlling the structure of hollow polystyrene

particles based on diffusion kinetics in miniemulsion polymerization system[J]. Colloids and Surfaces A: Physicochemical and Engineering Aspects, 2010, 363(1–3): 141–145.

[87]　CAO J, MATSOUKAS T. Synthesis of hollow nanoparticles by plasma polymerization[J]. Journal of Nanoparticle Research, 2004, 6(5): 447–455.

[88]　吕卉. 聚合物中空微球的制备、功能化及组装 [D]. 长春：吉林大学 , 2007.

[89]　LEE K T, JUNG Y S, OH S M. Synthesis of tin–encapsulated spherical hollow carbon for anode material in lithium secondary batteries [J]. Journal of American Chemistry Society, 2003, 125(19): 5652–5653.

[90]　WANG Y, SU F, LEE J Y, et al. Crystalline carbon hollow spheres, crystalline carbon–SnO_2 hollow spheres, and crystalline SnO_2 hollow spheres: Synthesis and performance in reversible Li–ion storage [J]. Chemistry of Materials, 2006, 18 (5): 1347–1353.

[91]　JIN L, XU L, MOREIN C, et al. Titanium containing γ –MnO_2 (TM) hollow spheres: One–step synthesis and Catalytic activities in Li/Air batteries and oxidative chemical reactions[J]. Advanced Functional Materials, 2010, 20 (19): 3373–3382.

[92]　LIANG Hanpu, ZHANG Huimin, HU Jinsong, et al. Pt hollow nanospheres: Facile synthesis and enhanced electrocatalysts[J]. Angewandte Chemie International Edition, 2004, 43 (12):1540–1543.

[93]　MARTINEZ C J, HOCKEY B, MONTGOMERY C B, et al. Porous tin oxide nanostructured microspheres for sensor applications[J]. Langmuir, 2005, 21(17): 7937–7944.

[94]　DING Jianxun, XIAO Chunsheng, HE Chaoliang, et al. Facile preparation of a cationic poly (amino acid) vesicle for potential drug and gene co–delivery[J]. Nanotechnology, 2011, 22(49):494012.

[95]　LIU Guangyu, WANG H, YANG Xinlin. Synthesis of pH–sensitive hollow polymer microspheres with movable magnetic core[J]. Polymer, 2009, 50(12): 2578–2586.

[96]　XUAN S, LIANG F, SHU K. Novel method to fabricate magnetic hollow silica particles with anisotropic structure[J]. Journal of Magnetism and Magnetic Materials, 2009, 321(8):1029–1033.

[97]　SATO Y, KAWASHIMA Y, TAKEUCHI H, et al. In vitro evaluation of floating and drug releasing behaviors of hollow microspheres (microballoons) prepared by the emulsion solvent diffusion method[J]. European Journal of Pharmaceutics and

Biopharmaceutics, 2004, 57(2): 235–243.

[98] LI Baozong, PEI Xiangfeng, WANG Sibing, et al. Formation of hollow mesoporous silica nanoworm with two holes at the terminals[J]. Nanotechnology, 2010, 21(2):1–7.

[99] SHIN J M, ANISUR R M, KO M K, et al. Hollow manganese oxide nanoparticles as multifunctional agents for magnetic resonance imaging and drug delivery[J]. Angewandte Chemie International Edition, 2009, 48 (2): 321–324.

[100] XIA Fafeng,Wu Menghua, FAN Wang, et al. Nanocomposite Ni–TiN coatings prepared by ultrasonic electrodeposition[J]. Current Applied Physics, 2009, 9(1): 44–47.

[101] 李宁 . 化学镀实用技术 [M]. 北京：化学工业出版社，2003.

[102] 唐爱民 . 超声波作用下纤维素纤维结构与性质的研究 [D]. 广州：华南理工大学，2000，中国 .

[103] 赵强，蒲俊文 . 超声波处理对植物纤维的影响研究进展 [J]，中华纸业，2008(15): 62–67.

[104] BEKIRS J O' M, SWINKELS D A J. Adsorption of n–Decylamine on Solid Metal Electroles[J]. Journal of Electrochemical Society, 1964, 111(6):736–743.

[105] BEKIRS J O' M, GREEN M. Naphthalene [J]. Journal of Electrochemical Society, 1964, 111(6):743–748.

[106] 班春燕，张禄廷，张丽茄，等 . 化学镀 Ni–P 合金的热力学及动力学研究 [J]，沈阳工业大学学报，2000, 22(2):119–122.

[107] 周荣廷，化学镀镍的原理与工艺 [M]. 北京：国防工业出版社，1975.

[108] MALLORY G O, LIOYD V A. Kinetics of eletroless nickel deposition with sodium hypothosphite[J]. Plating and Surface Finising, 1985, 72 (9):52.

[109] PAN Yanfei, HUANG Jintian, GUO Tongcheng,et al. Nano–SiC effect on wood electroless Ni–P composite coatings[J]. Proceedings of the Institution of Mechanical Engineers, Part N: Journal of Nanoengineering and Nanosystems, 2015, 229(4): 154–159.

[110] Xu Z, Chen Y. Characterization of nano–sized SiC@Ni composite fabricated by electroless plating method[J]. Journal of Nanoscience and Nanotechnology, 2013, 13(2): 1456–1460.

[111] PAN Yanfei, WANG Xin, HUANG Jintian. The Preparation, Characterization, and Influence of Multiple Electroless Nickel–Phosphorus (Ni–P) Composite Coatings on

Poplar Veneer[J]. BioResources, 2016, 11(1): 724–735.

[112] AMERA J. Influence of multiple electroless nickel coatings on beech wood: Preparation and characterization[J]. Composite Interfaces, 2014, 21(3) 191–201.

[113] TAROZAITE R, STALNIONIS G, SUDAVIENIUS A, et al. Change of magnetic Properties of Autoeatalytically deposited Co–Ni–P films by electrolysis simultaneously applied[J]. Surface Coatings and Technology, 2001, 138 (l):61–70.

[114] LUBORSKY F E. Development of elongated partieal magnets[J]. Journal of Applied Physics, 1961, 32:1715–1835.

[115] KNELLER E F, HAWIG R. The exehange–spring magnet: a new material principle for Permanent magnets[J]. IEEE Transaetions on Magneties, 1991, 27(4):3588–3560.

[116] HIROSAWA S, KANEKIYO H, UEHARA M. High–coercivity iron–rieh rare–earth permanent magnet material based on (Fe,Co)3B–Nd–M (M=Al, Si, Cu, Ga, Ag, Au)[J]. Joumal of Applied Physies, 1993, 73(10):6488–6490.

[117] YOSHIZAWA Y, OGUMA S,YMAUCHI K. New–Fe–based magnetic alloys composed of Ultrafine grain strueture[J]. Joumal of Applied physics, 1988, 64:6044–6046.

[118] GIRI A K, CHOWDARY K M, HUNFELD K D, et al. AC magnetic Properties of FeCo nanocomposites[J]. IEEE Transactions on Magneties, 2000, 36(5):3026–3028.

[119] ML NELSON, RTO' CONNOR. Relation of Certain Infrared Bands to Cellulose Crystallinity and Crystal Lattice Type. Part I. Spectra of Lattice Types I, II, III and of Amorphous Cellulose[J]. Journal of applied polymer science, 1964, 8: 1311–1324.

[120] YUE Y Y, HAN G P, WU Q L. Transitional Properties of Cotton Fibers from Cellulose I to Cellulose II Structure[J]. BioResources. 2013, 8: 6460–6471.

[121] 黄丽滇. 纤维素的溶解再生与接枝改性 [D]. 广州：华南理工大学，2013.

[122] 胡文彬，刘磊，仵亚婷. 难镀基材的化学镀镍技术 [M]. 北京：化学工业出版社，2003.

[123] 曹宏，李儒，桂其迹，等. 石墨结构层包覆 α–Fe 纳米粒子的高分辨电镜研究 [J]. 分析测试学报，2008, 27(3): 300–303.

[124] JAE Y P, CHOI S W, KIM S S. A synthesis and sensing application of hollow ZnO nanofibers with uniform wall thicknesses grown using polymer templates[J]. Nanotechnology, 2010, 21(47) 1–9.

[125] DING J X, XIAO C S, HE C L, et al. Facile preparation of a cationic poly (amino

acid) vesicle for potential drug and gene co-delivery[J]. Nanotechnology, 2011, 22(49):1-9.

[126] HUESO L, MATUR N. Nanotechnology: Dreams of a hollow future[J]. Nature, 2004, 427(6974): 301-304.

[127] JIANG L, ZHAO Y. Hollow micro/nanomaterials with multilevel interior structures[J]. advanced materials, 2009, 21(36), 3621-3638.

[128] BRUINSMA P J, KIM A Y, LIU J, et al. Mesoporous silica synthesized by solvent evaporation spun fibers and spray-sried hollow spheres [J]. Chemistry of Materials, 1997, 9(11): 2507-2512.

[129] SUSLICK K S, GRINSTAFF M W. Protein microencapsulation of nonaqueous liquids[J]. Journal of the American Chemical Society, 1990, 112(21): 7807-7809.

[130] HU J, CHEN M, FANG X S, et al. Fabrication and application of inorganic hollow spheres[J]. Chemical society reviews, 2011, 40(11): 5472-5491.

[131] 王春蕾. 磁性纳米中空材料的制备及载药性能研究 [D]. 长春：吉林大学博士学位论文，2012.

[132] 刘一星，赵广杰. 木材学 [M]. 北京：中国林业出版社，2012，中国.

[133] 宁敏. 金属镍微米 / 纳米结构的制备与自组装 [D]. 合肥：中国科学技术大学，2005.

[134] RAMING T P, WINNUBST A J A, VAN KATS C M, et al. The synthesis and agnetic properties of nanosized hematite (α-Fe$_2$O$_3$) particles[J]. Journal of Colloid and Interface Science, 2002, 249(2): 346-350.

[135] ZYSLER R D, FIORANI D, TESTA A M, et al. Size dependence of the spin-flop transition in hematite nanoparticles[J]. Physical Review B: Condensed Matter and Materials Physics, 2003, 68(21): 212408.

[136] RATH C, SAHU K K, KULKARNI S D, et al. Microstructure-dependent coercivity in monodispersed hematite particles[J]. Applied Physics Letters, 1999, 75(26), 4171-4173.

[137] ZOU Q, ZAI J T, LIU P, et al. Preparation and lithium storage properties of hollow Fe$_2$O$_3$/GNS nanocomposites[J]. Chemical journal of Chinese Universities-Chinese, 2011, 32 (3): 630-634.

[138] VIAU G, FI é VETVINCENT F, FI é VET F. Nucleation and growth of bimetallic Co-

Ni and Fe–Ni monodisperse particles prepared in polyols[J]. Solid State Ionics, 1996, 84(3–4): 259–270.

[139] ZHAN Jing, YUE Jianfeng, ZHANG Chuanfu. Study on Preparation and Mechanism of Reduction and Growth of Ultrafine Nickel Powders[J]. Journal of Materials Engineering, 2011, (7):10–14, 65.

[140] 师少飞，王兆梅，郭祀远. 纤维素溶解的研究现状 [J]. 纤维素科学与技术, 2007, Vol. 15(3): 74–78.

[141] CAI J, ZHANG L. Rapid dissolution of cellulose in LiOH/urea and NaOH/urea aqueous solutions[J]. Macromolecule Bioscience, 2005, 5(6):539–548.

[142] DONG Ruan, ZHANG Lina, ZHOU Jinping, et al. Structure and Properties of Novel Fibers Spun from Cellulose in NaOH/Thiourea Aqueous Solution[J]. Macromolecular Bioscience, 2004, 4(12):1105–1112.

[143] 周金平. 纤维素新溶剂及再生纤维素功能材料的研究 [D]. 武汉 : 武汉大学, 2001.

[144] 刘淑娟 , 于善普，张桂霞. 氢氧化钠 – 尿素水溶液中纤维素均相接枝制备高吸水材料 [J]. 弹性体 , 2003, 13(5): 32–34.

[145] GAO Dangli, ZHANG Xiangyu, GAO Wei. Formation of Bundle–Shaped β –NaYF$_4$ Upconversion Microtubes via Ostwald Ripening[J]. ACS Applied Materials & Interfaces, 2013, 5(19): 9732–9739.

[146] KITIYANAN A, NGAMSINLAPASATHIAN S, PAVASUPREE S, et al. The preparation and characterization of nanostructured TiO_2–ZrO_2 mixed oxide electrode for efficient dye–sensitized solarcells[J]. Journal of Solid State Chemistry, 2005, 178(4): 1044–1048.

[147] DURR M, ROSSELLI S, YASUDA A, et al. Band–Gap Engineering of Metal Oxides for Dye–Sensitized Solar Cells[J]. THE Journal of Physical Chemistry B, 2006, 110(43): 21899–21902.

[148] JANG J S, CHOI S H, KIM D H, et al. Enhanced photocatalytic hydrogen production from water–methanol solution by nickel intercalated into titanate nanotube [J]. The Journal of Physical Chemistry C, 2009, 113 (20): 8990–8996.

[149] KOAZHAK A V, REMOKINA N I, STROYUK A L, et al. Photocatalytic activity of a mesoporous TiO_2/Ni composite in the generation of hydrogen from aqueous ethanol

systems[J]. Theoretical and Experimental Chemistry, 2005, 41 (1): 26–31.

[150] SREETHAWONG T, SUZUKI Y, YOSHIKAWA S. Photocatalytic evolution of hydrogen over mesoporous TiO_2 supported NiO photocatalyst prepared by single–step sol–gel process with surfactant template[J]. International Journal of Hydrogen Energy, 2005, 30 (10): 1053–1062.

[151] YU J G, HAI Y, CHENG B. Enhanced photocatalytic H_2–production activity of TiO_2 by $Ni(OH)_2$ cluster modification[J]. Journal of Physical Chemistry C, 2010, 115 (11): 4953–4958.

[152] 王文广. 二氧化钛基复合光催化材料的制备及其性能研究 [D]. 武汉：武汉理工大学, 2012.

[153] 罗银. 微晶纤维素室温诱导制备纳米二氧化钛及其性能研究 [D]. 广州：华南理工大学，2012.

[154] NU L Y, ZHANG P, GUO Z P, et al. Shape evolution of α–Fe_2O_3 and its size–dependent electrochemical properties for lithium–ion batteries[J]. Journal of the electrochemical society, 2008, 155(3): 196–200.

[155] KWON K A, LIM H S, SUN Y K, et al. α–Fe_2O_3 Submicron spheres with hollow and macroporous structures as high–performance anode materials for lithium ion batteries[J]. Journal of Physical Chemistry C, 2014, 118(6): 2897–2907.

[156] ZHANG J J, SUN Y F, YAO Y, et al. Lysine–assisted hydrothermal synthesis of hierarchically porous Fe_2O_3 microspheres as anode materials for lithium–ion batteries[J]. Journal of Power Sources, 2013, 222: 59–65.

[157] LIU J P, LI Y Y, HUANG X T, et al. Direct growth of SnO_2 nanorod array electrodes for lithium–ion batteries[J]. Journal of Material Chemistry, 2009, 19(13): 1859–1864.

[158] SURESH C P, PRADEEPAN P, REENAMOLE G, et al. Synthesis of high–temperature stable anatase TiO_2 photocatalyst[J]. Journal of Physical Chemistry C, 2007, 111(4): 1605–1611.

[159] ZENG T Y, QIU Y, CHEN L S. Microstructure and phase evolution of TiO_2 precursors prepared by peptization–hydrolysis method using polycarboxylic acid as peptizing agent[J]. Materials Chemistry and Physics, 1998, 56 (2): 163–170.

[160] 许士洪，上官文峰，李登新. TiO_2 光催化材料及其在水处理中的应用 [J]. 环境科学与技术，2008, 31(12): 95–100.

[161] BANDARA J, WEERASINGHE H. Solid–state dye–sensitized solar cell with p–type NiO as a hole collector[J]. Solar Energy Materials and Solar Cells, 2005, 85 (3): 385–390.

[162] IRWIN M D, BUCHHOLZ D B, HAINS A W, et al. P–type seminconducting nikel oxide as an efficiency–enhancing anode interfacial layer in polymer bulk–heterojunction solar cells[J]. Proceedings of the National Academy of Sciences of the United States of America, 2008, 105 (8): 2783–2787.

[163] MA E M, LUO S F, LI P X. A transmission electron microscopy study on the crystallization of amorphous Ni–P electroless deposited coatings[J]. Thin solid films, 1988, 166: 273–280.

[164] GUO Z, KEONG K G, SHA W. Crystallisation and phase transformation behavior of electroless nickel phosphorus plations during continuous heating[J]. Journal of Alloys and Compounds, 2003, 358 (1–2):112–119.

[165] KEONG K G, SHA W, MALINOV S. Crystallisation kinetics and phase transformation behavior of electroless niekel–phosphorus deposits with high phosphorus content[J]. Journal of Alloys and Compounds, 2002, 334:192–199.

[166] STAIA M H, PUEHI E S, CASTRO G, et al. Effect of thermal history on the microhardness of electroless Ni–P[J]. Thin Solid Films, 1999, 355–356:472–479.

[167] 谢中维, 郭薇. 热处理对化学镀薄膜结合强度影响 [J]. 腐蚀科学与防护技术, 1999, 11(3):165–168.

[168] 高岩, 刘贵昌. 热处理对化学镀 Ni–P 镀层性能的影响 [J]. 铸造, 1998, 14(4):39–41.

[169] 谢明立, 储凯, 付健. 镍 – 磷合金化学镀层成分及时效处理温度对镀层组织性能的影响 [J]. 表面技术, 1998, 27(2):8–21.

[170] STAIA M H, ENRIQUEZ C, PUEHI E S. Influence of heat treatment on the abrasive wear resistance of electroless Ni–P[J]. Surface and Coating Technology, 1997, 94–95:543–548.

[171] 肖萍, 郑少波, 尤静林, 等. 钛氧化物结构及其拉曼光谱表征 [J]. 光谱学与光谱分析, 2007, 5 (27): 936–939.

[172] BABU S G, VINOTH R, NEPPOLIAN B, et al. Diffused sunlight driven highly synergistic pathway for complete mineralization of organic contaminants using reduced graphene oxide

supported photocatalyst[J]. Journal of Hazardous Materials, 2015, 291: 83-92

[173] LEE Y C, CHANG Y S, TEOH L G, et al. The effects of the nanostructure of mesoporous TiO_2, on optical band gap energy[J]. Journal of Sol-Gel Science and Technology, 2010, 56(1): 33-38

[174] ZHOU W, DU G, HU P, et al. Nanoheterostructures on TiO_2 nanobelts achieved by acid hydrothermal method with enhanced photocatalytic and gas sensitive performance[J]. Journal of Materials Chemistry, 2011, 21(22): 7937-7945